廖若庭———著

Miggi 上菜！

好酒、好菜、好時光，跟著藍帶廚酒師世界辦桌

CONTENTS

一個真心熱愛美食的人

冰清

認識廖若庭是在一個朋友主持的讀書會上，當時她剛從台灣遠嫁到美國不久。無法想像，這個聊起美食口若懸河的人，卻是國立舞蹈學院畢業的，之後又轉去做醫藥行業。從藝術到科學，這是多麼大的轉變，她卻走得順風順水。因為熱愛美食，她又去廚師學院學藝，以優異的成績榮譽畢業，現在又做起了自己的美食廚房。

為了讓自己的美食知識更加完善，她考了食品安全的執照，又考了品酒師執照。凡是跟美食相關的課程，她從不吝惜學習。

廖若庭內心對美食有非同一般的熱情。我和她一起去電視台做節目，她的菜不但顏色漂亮，富有營養，還自帶相匹配的盤子，擺上裝飾，無論味道或色相都讓人無可挑剔。她就是這麼一個認真的人。

她自己寫過，曾經有朋友邀她辦桌慶生，只要幾片燻三文魚，她卻買了整條三文魚，以專業廚師的刀工，將那條巨大的魚分成可食用的不同部位。我們都驚呼，太誇張了，值得這麼認真嗎？但是我們明白，只有她會做這樣的事，這樣的事，也只有她才能做得來。

還記得某次和朋友們約了去她家開午餐派對，每個人都帶一道拿手菜。等到我們在她家集合，她早已將餐桌布置得像開一個盛大的宴會。懷舊色調的桌布和餐巾，顏色和風格搭得如此完美。桌上每一個細小的餐碟都與餐桌整體布局相輔相成，渾然一體。印象中，只有講究的餐會才如此考究，而我們不過是一群死黨的隨意派對，她都如此重視，對美食的認真可見一斑。

那天有位朋友來不及做菜，只好從自家院子裡摘了一個碩大的番茄帶過來。問她可以做成什麼菜，她胸有成竹地說：「看我的。」於是，她從櫥櫃中拿出一個三角盤子，用快刀將番茄切成薄片，在盤中擺成一排，輕點幾滴義大利葡萄醋，隨手撒些海鹽和胡椒粉，又洗了羅勒葉子點綴其中。沒幾秒鐘，一盤羅勒番茄一揮而就。誰都想不到，這一盤竟是那天最好吃的菜。廖若庭就是有這樣一雙妙手，可以點石成金。

她見多識廣，又肯於創新。在葡萄酒配中餐的話題上下了不少功夫。她憑著豐富的美酒和餐飲知識，大膽嘗試，為中餐挑選合適品種的葡萄酒。許多組合都是其他人沒有嘗試和想像過的。

她講究品味，對美的感覺也頗有天分。每次見到她，永遠是合宜的裝扮。我絲毫不會懷疑她書中圖片的質量，因為她就是這樣一個極富美感又認真負責的人。每一道菜她都精心料理，用心裝飾。她獨特的審美眼光與先生出色的攝影技術相得益彰，為

本書帶來一張張令人垂涎欲滴的美食照片。她在廚藝方面的專業素養，對食譜每個步驟的詳細描述，也讓熱愛廚藝的人學到不少下廚妙招。

更重要的是，她有一顆熱愛美食的心。她的人緣極好，不管是誰和誰有矛盾的，在她那裡都能成為朋友。美食可以讓人們拋掉嫌隙，享受生活。這大概就是這個女子的魅力所在了。

推薦者簡介　冰清，食品營養學碩士，生物公司研究人員，喜愛文學創作，作品散見於各媒體專欄，並被收錄於《白紙黑字》、《矽谷浮生》、《他鄉星辰》等書。著有《美味人生》。

認真女人的講究與精準

蘇馨遠

由於職務上的需要，我對料理始終保持著一股熱忱，但也僅止於中菜領域而已。直到一個偶然的機會，我得知灣區有位講中文又專門教授西餐和葡萄酒的老師，想當然爾，我非要見識一下不可了。

待實際接觸到這位老師——Miggi，我驚奇地發現，不論是小班制的教學或者大型演講，從她的眼神、聲音和動作中，總能看到她對廚藝及葡萄酒死心塌地的熱情與態度。有句話說：「認真的女人最美麗。」因為認真，讓做菜與品酒時的她，變得美麗無比。認真，應是最足以代表她的註冊商標了。

當 Miggi 學生是一件相當有趣的事，做麵包也好、學德國菜也罷，每次上完課都能讓人感到收穫豐盛，滿心歡喜地回家。記得我第一堂上 Miggi 的課便是「給初學者的基礎品酒課」。對我而言，這是一次極為特殊的葡萄酒初體驗。上課之前，Miggi 再三交代，一定要先吃早餐，免得我們不勝酒力，把該吐掉的酒統統吞到肚子裡。我自然乖乖地照辦。

Miggi 帶領著我們這一群學員，展開四個酒莊「真槍實彈」的學習之旅，穿梭在風格各異的葡萄酒莊之間體驗不同品種的葡萄與釀酒法，並一路試飲近二十幾種葡萄酒。在品酒的過程中，我們端起酒杯來，淺嘗一下，當酒莊的工作人員用流利的英文努力講解這是什麼品種什麼口味的葡萄酒時，我們認真地思考，卻什麼也感覺不出來。這時，Miggi 窺探出學員心裡的納悶與狐疑，適時地用非常淺顯易懂的辭彙，帶領我們加以理解。酒莊的工作人員也許努力地告訴你，當某一口紅酒在唇齒和喉嚨之間與空氣產生碰撞的時候，你應該能感覺到某些特殊的氣味，如黑栗醋、桑椹、藍莓等等，然而這些都是亞洲少有的材料或水果的味道，對品酒初學者而言，並不那麼容易體會，就像有人要你到街上去找「王小強」，但你連王小強是誰，有什麼特徵都還不知道，又怎麼可能找得到他？因此，這時 Miggi 深入淺出的指導，便扮演著對初學者舉足輕重的意義，她強調要我們用自己所熟悉的食物味道經驗中去尋找比對，而每個人的食物經驗都不同，例如：我們其實也可以在酒中尋找「醬油、龍眼蜂蜜、新鮮荔枝、楊桃等亞州人會比較熟悉的味道」，「有沒有？你再感覺看看……」於是，在她熱忱又適度的帶領之下，學習葡萄酒變成一件興味盎然，充滿探索樂趣的活動，她把黑栗醋、桑椹、藍莓等略顯遙遠的味道一一轉化為醬油、龍眼蜂蜜、新鮮荔枝、李子、楊桃等能輕易辨識體會的亞洲在地味道，大大提高了我們對葡萄酒的熟悉度和親切感，而且，喝起葡萄酒，頓覺空氣中彷彿瀰漫著無限幸福的家鄉滋味了。

Miggi 還要我們在學習的過程中，不要把品嘗的酒都吞進肚子裡，讓酒精迷幻了辨識能力，所以我們等到最終的一家酒莊才歡欣鼓舞、興高采烈地喝著，一起陶醉在葡萄酒的馨香裡，這時，Miggi 還要我們喝下等量的水才准下課，就怕我們成了顛顛倒倒的濟公，回不了家。

在人類的歷史上，釀製葡萄酒已經有超過兩千年的歷史，但對我這樣的家庭「煮」婦而言，過去除了米酒、紹興、花雕這類像自己的鄰居一樣稍可辨識優劣的「廚房良伴」之外，我對它的距離與陌生，只有「千里之外」可以形容。尤其是交際應酬時，即使端起酒杯來狂喝猛灌或貌似優雅地淺斟低酌，看著酒單，卻往往只有「望單興歎」。畢竟葡萄品種、溫度、濕度、環境和陳釀過程及容器的材質對酒所產生的種種影響，甚至各種酒如何適合搭配的食物等等，學問確實太大了。然而，經過跟從 Miggi 一番學習後，如今，偶有餐宴，我也可以輕易吐出幾個葡萄酒的基本概念名詞，並有模有樣地備辦酒單，搭配酒菜。這不能不感謝 Miggi 深入淺出的有效教導和學習過程的歡樂氛圍。

另一次難忘的課，是某個一年一度的德國啤酒節，Miggi 精心設計了關於德國啤酒和德國料理的基礎介紹課程。我對德國菜，除了德國豬腳和香腸外，原本十分陌生，透過該堂課，卻學到了德式燉牛肉捲、紅甘藍燉菜、雞蛋麵疙瘩、香草蘋果捲，外加幾種口味各異的德國和比利時啤酒等，這又是另一次完整卻極有效的學習，不但開啟了另一次酒與菜如何搭配的新「眼界」，更讓我的飲食生活增添另一種完全不同風格的品味和樂趣。

其實舊金山的華人圈中，教授西餐和紅白酒的人原已屈指可數，而像 Miggi 這樣，對品酒藝術熱愛無比並且又熱忱推廣的老師，更是鳳毛麟角。我喜歡上 Miggi 的課，最主要原因還是她樂在其中的身影，每每在課堂中，光看著她自得其中、認真講解的豐富表情就已經「值回票價」，更別說在上課之前，她認真的準備過程和你從課堂學來的扎實知識了。

獲知 Miggi 要出書了，這位主修舞蹈後來「不務正業」地進入醫藥界，幾年後又決定轉入廚藝世界的美女級專業廚娘，寫書也和做菜一樣既講究又精準。這本書除了帶領大家遨遊歐美各地的飲食風情之外，還提供了烹煮西洋美食的食譜和種種小祕訣，對讀者來說，的確是一大喜訊。讀者在週末假期邀朋友到家裡小聚時，不妨按圖索驥，選一、兩瓶葡萄酒，再準備幾道配酒小點，相信一定會為你們的聚會帶來截然不同的歡樂和品之無盡的迴響。

我以親身經歷其中樂趣的學習者身分，忍不住想說一句：「好酒好菜，佳釀當前，盍興乎來！」

推薦者簡介 蘇馨遠，前台灣外交部亞太司司長李世明夫人，為作者的廚藝學生。現居加州矽谷，是部落格「巴克媽＠舊金山」版主、高科技公司副總裁。

Just Want a Beautiful Life! Miggi Demeyer

　　猖狂的求知欲，像一團火在我尾巴燒，讓我坐立難安，如果此刻不在學習，失落感就找來斯。

　　「您會不會用棒針打毛衣？可不可以教我？」我問遍了左右鄰居所有的阿姨，兩根棒針在我手上顯得孤單又無助，不大的一團線球在一旁無奈地不敢作聲，我只能在心裡嘀咕：「為什麼媽媽不會打毛衣？而且又沒有人可以教我？」小時候台灣人的社區，會打毛衣的人家似乎不多，這心願一直等到我上了大專，搬到板橋，才有了鄰居阮媽媽收我做徒弟，完成我這個學習的夢想。

　　「妳有病啊？怎麼一天到晚在上課？」朋友對我抱怨著。趕往參加朋友的聚會遲到了，「剛下課」顯然不是一個好理由，而我真的很無奈。因為一直覺得自己懂得太少，總是充滿疑慮，不管是工作上或是日常生活，總是不斷摸索找尋課程再進修。當藥品業務跑市場時，更因為自己是舞蹈系畢業，卻處在這個非本科系又專業的領域而覺得自卑。直到在藥業的第八年，有天一位藥學碩士同事告訴我：「妳在藥業八年，那是等於兩個大學畢業耶！」我這才開始改變思維，不再妄自菲薄。相信那些定期的藥品知識訓練，以及在市場上不斷累積與醫生討論他們的治療經驗，確實已經讓我從一個以運作運動神經為主的舞者，轉換成可以略懂小病處方箋的業務員。

　　浩瀚的醫學知識，滿足我無止境的學習欲望，無數的醫藥專業客戶讓我見識和學習到不斷閱讀與研究的重要性，原來腦袋裡有用不完的腦神經，而且會越用越發達，這也讓我開始更肆無忌憚地挑戰「學習」這件事。

　　如果十年才可造就一份專業，我的前兩樣工作剛好各經營了十年。由於經常同時擁有兩份工作，以及不斷上課求學的忙碌生活，我原本覺得走入婚姻可能是個很遙遠的奢望。而且我總是「不務正業」，當舞者教跳舞時還兼開舶來品店，一轉行卻到需要非常專業的醫藥領域去當治療用藥的行銷專員，經常埋頭苦讀醫學報告，那是最痛苦的開始也是最快樂的過程。從只需肢體語言，完全不需紙筆的工作，到讀懂完全是英文的醫學研究報告，那只是陣痛，更是日積月累的苦讀，最快樂的是挑戰自我極限後的成就感。

　　接著呢？當藥品行銷專員，卻同時又投資開餐廳，我到底最想成為一個什麼樣的人？

　　常常有人說我舞跳得好，應該在這一行繼續經營。但是看起來像大女人的我其實有的只是非常小女人的心願，就是可以擁有一身好廚藝。從小就非常好吃而且愛做菜，

夢想嫁給麵包師傅或是大餐廳的主廚，但我不是來自講究美食的富裕家庭，可以從小耳濡目染地懂美食；可是疼愛我們的父親只要發現什麼沒吃過的一定買回來讓我們品嘗；做業務工作而有機會跟一堆老饕在外饗宴並且品嘗好酒，我總是勤作筆記，希求自己可以對各家餐廳料理如數家珍、對葡萄酒可以略懂一二，因為這也是做好業務工作的必備課程之一。

我終於結婚了，從香水、高跟鞋的業務成為每天料理柴、米、油、鹽、醬、醋、茶的家庭主婦。同時跟隨夫婿移民到一個世界大熔爐的舊金山灣區，也是全美葡萄酒最重要的產區。我住的同一條街上除了美國超市、華人超市，附近還有專賣英國、印度、地中海、墨西哥、日本、韓國的大小市場。再也不願做一個只懂得說一口好菜的半瓶水，為了訓練自己做菜品酒，所有的東西都盡量自己做、每日用餐必定以酒相佐。猖狂的求知欲，讓我不僅想了解自己動手的奧妙，也希望進一步了解食物背後吸引人的文化背景，尤其我所居住的這一個特殊的飲食環境，正是世界各國的人把各地特殊食材一起帶過來所造就，每一種食材與菜肴都帶著不同的移民者個人記憶中無可取代的媽媽的味道。

回想學習做菜的過程，往圖書館的書架前一站，各國的食譜像列隊排等候點閱，讓我這個新移民感到萬分興奮。當我發現一個食材，開始找尋答案，它的營養成分有多少？通常是跟什麼搭配食用？都拿來做什麼菜？閱讀臨床試驗報告習慣使然，出處不夠有力的文章不值參考，數據沒有經過合理比較的也一概不信，找尋一個小小的疑問往往耗費個半天。我充滿熱情想要學會做這些菜，但仔細研讀卻發現，中外食譜書普遍都有一個問題，就是很多食譜作者看似有心寫食譜，卻無心讓人能按食譜步驟做出菜來。食譜中讓我迷惑的過程，也讓我回想起小時候對棒針的無助及線球的無奈，當時多希望有人可以為我解說，或是書中資料能列得更詳細一點。

有一回為了尋找一種打蛋白時可以增加穩定度的材料—— Cream of Tartar，我跑了好幾家超市找遍了放滿各種乳製品 Cream 類的食材架子，硬著頭皮不想開口問卻就是找不著，足足找了一星期，最後才在放香料及蛋糕材料的架上找到。這一瓶叫 Cream of Tartar 的東西其實是用香料罐裝的白色粉末，中文翻譯成塔塔粉，因為沒見過，所以我一直把它想像成液態乳製品並裝在瓶子或紙盒裡。

終於按捺不住求知欲焚身的痛苦，一定要找專業來解答對美食的所有疑慮，我先到坊間一家頗負盛名的私立家廚學校，上完一系列的烹飪技巧課仍覺得不滿足，再一頭栽進舊金山廚藝學院，即法國藍帶這個百年歷史名校的分院，甚至為了增加辦酒能力，數次返校重修不同科系老師教的葡萄酒課。如果一個家庭主婦只為了給家人做一桌豐盛的晚餐，沒有必要如此耗費巨資，但不只是猖狂的求知欲引領我來到這個境地，也因為我曾經投資過葡萄酒餐廳，知道西廚難找。

我的結論及感想是，那設計給家廚的學校所教授的技巧已足夠應付家用，兩者最大的差異在於：專業的烹飪學校是針對營利的大量餐飲所設，專業廚藝學校的教學目的就是要讓學生成為餐飲業的佼佼者，所以學習內容不只是如何煮出世界各國料理和

令人垂涎的甜點，還有營養學、食物化學、如何品酒、電腦精算食譜利潤，如何評估以及如何書寫開一家餐廳的完整計畫。如果不是有意入行，面對這些琳瑯滿目的課程，選課時得要三思。

即使如此，學校所學的仍只是基礎，名廚的養成要經過不斷的自我訓練及閱讀研究，而家廚如果不斷練習改進自己喜歡的菜，也可以成為業餘的廚藝專家。對於想多用功而不想去上課的家廚，網路上有各種部落格分享無數的食譜及美食，真是大家的福音啊！儘管這些分享有對有錯，而且網路上一道菜的做法，選擇之多，有時足以讓人無所適從，但是大家都是非常用心地寫，我看得是佩服不已。

儘管如此，好多人的願望還是：「到法國學廚藝！」

基於現實，並不是每一個人都可以像我一樣，占天時地利人和之便去實現這樣一個夢想。但我所看到的真實故事告訴我，一個家庭主廚只要肯努力，專業訓練的廚師也不一定勝得過你。面對同樣的家人，家廚一年 365 天都要面對如何變出不同菜色的挑戰，和廚師們幾乎天天面對不同客戶，每天可能煮同一道菜，其挑戰實猶有過之。這兩者當然有很大的不同，所謂熟能生巧，一年做幾次生日蛋糕擠幾個奶油蛋糕花，如何與專業蛋糕師傅一天擠的蛋糕花數量相比，但家廚絕不要妄自菲薄，你的夢可以藉由專門設計給家廚的烹飪課，以及不斷練習試做新食譜，同時透過經常自我舉辦宴會的磨練，來加以實現。

美國最熱門的美食電視節目「食品網（Food Network）」，有一回新秀選星，他們先挑選十位候選人，再經過數星期不同場合及菜色的做菜比賽，最後冠軍者可以在「食品網」開一個教做菜的新節目，這十位候選人當中有很多是專業大廚、也有非專業的家庭主婦，最後是由家庭主婦 Melissa d'Arabian 以多種菜色的變化，打敗所有參賽者成為新秀，因此她現在自己有個教做菜的節目。

一本書、一堂烹飪課、一次宴會、一趟品酒行、一個食譜和每一次的試做，都是為自己打開另一扇窗，為生活注入四溢香味的美好時光。尤其是每一次的歡宴後，都讓家人和朋友們回味好久，不但添加許多樂趣，家宴也讓家人及朋友更凝聚在一起。感謝一些來找我尋求及學習準備宴會細節的學生及朋友們，許多跟我一樣愛家宴的朋友，面對無所適從的邀約，既期待又怕無法扮演好自己角色的朋友，這本為你們而寫的書就如此誕生了。

本書中所提起的那些奇葩異類的朋友，造就我精采的生活，讓我用美食搭起橋梁貫穿東西。因為學習到世界多種不同的文化，讓我知道生活可以有很多的選擇，不需困在從小非得遵守的不合理習俗中。我選擇持續創造與家人朋友一起吃喝的歡樂健康人生，我也選擇不斷學習新知挑戰自己、讓腦神經沒空老化的勞碌生活。我在烹煮與品酒的世界獲得知識洋溢滿足，也決定把它們寫出來分享給你，希望你也把它分享給你的家人及朋友。

{ FOOD AND WINE

開　瓶

料 理 與 酒
的 美 味 關 係

}

　　談到品飲葡萄酒，許多人自認為不必涉獵太多、太深，只需稍懂皮毛即可運用。問題是，在品酒的世界裡，究竟該從哪裡開始了解比較好？每個人的興趣、時間與可獲得資訊的程度都不同。一般人最常面臨的，是如何挑選一瓶適合佐餐助興的好酒，這真不是件容易的事！畢竟影響葡萄酒風味的因素實在太多，而且葡萄酒一經裝瓶、存放，幾乎就已經確定了往後的命運，最後開瓶時，我們已經無法對酒本身做太多努力。幸運的是，我們可以在食物上做變化，為美酒尋覓佳偶，甚至親自下廚幫它調出速配美味。

　　酒配菜跟個人的喜好有絕大的關係，侍酒師可以推薦讓人驚艷的口感組合，但是要看現場有哪些酒，而且通常客人會有很多預設的想法，要改變並不易。在社交場合上，很多人覺得喝紅酒才是真品味，而真實的飲酒市場裡，因為白酒較易於與食物做比對，所以事實上有好幾個年頭，全球的白酒銷路大大地勝過紅酒。我們都經歷過這樣的情境：期待一場完美的盛宴，滿桌皆是懂得與你共享的好友。偏偏不可能每場宴會都由自己主持、不一定每個地方都買得到你想喝的酒，每次同桌的賓客類型各有不同，若是堅持追求完美，每個細節都要做到一百分，恐怕只能感嘆人生不如意事十常八九。人類因體質不同、體內呈現的酸鹼不同，在味覺上對葡萄酒的化學反應及辨識能力不同，對味道

的敏感度因此不會完全一樣。人與人之間感受與愛好的不同，正面來看，恰能讓我們了解自己與他人的差異性，以及人群種類的多元性。

我對各種不同的酒款都很欣賞，因為每款酒都能針對不同的食物，找到各自天造地設的伴侶。偶爾也有一時找不到對象，只能單飲 Solo 的，只能期待有緣千里來相會，有待佳偶現身。我曾經不知如何欣賞不甜的雪莉酒（Sherry），直到遇上它的真命天子——香腸、橄欖和味道重的蒙契格乳酪（Manchego），才體驗到超越過去經驗、無可取代的美妙口感。因此，請不要固執說自己只喜歡某幾款葡萄酒。真實的品酒經驗會因為場合、食物及個人體質的改變，而有不同的感受，開始覺得其他酒也蠻好喝的。所以，請打開心胸嘗新，你將有意想不到的收穫。

食物與葡萄酒的搭配

有些酒就是對食物很友善，因為

在果香、甜度、酸度、澀味、酒體的濃厚度，都表現得很均衡，所以能搭配各種料理。這些酒有的酒體輕盈（如粉紅酒〔Rose〕）、有的酒體濃厚（如採用馬爾貝克葡萄〔Malbec〕所釀的酒）。事實上，味道與香氣是影響葡萄酒和食物如何搭配的關鍵要素，味道與香氣不是特定分子組成，而是由很多不同的分子組成，當我們的味蕾接觸這些分子後，不會單純地只是展現酸或甘甜，而是許多綜合在一起的分子一同展現出來的味道。可以說，專司某種特定氣味的感覺細胞或味蕾並不存在。調配食物時，無論是美食或美酒，都是在酸、甜、苦、辣、鮮之中找尋平衡，再放大其中一味作主。當這些分子呈現出一種均衡狀態，人

便不會感到特別酸甜或苦辣。同理，酒如果和食物在各方面都搭配得很平衡，自然令人感覺順口。身為廚師，就在這些彈性空間中顯身手，展現出自己想表達的主題與風味。因此，菜肴中可能擺糖，有些甜點裡還得放鹽，甚至出乎意料地放入辣椒呢！

食物與美酒的搭配，當然不能忘卻平衡與彰顯的原則。你要彰顯酒呢？還是要表現食物？追求的主題與目的不同，做法自然有所差異。

酒配菜或菜配酒？

搭配酒與菜重點不只是食材的選用，更包括如何烹煮這個食材、如何依照葡萄酒特色，調配酸、甜、苦、辣、鮮的食物來伴佐，使得菜與酒皆能出色。比方說，魚要清蒸或燒烤？牛肉要燉煮或烘烤？其中的學問就在於：食物燒烤到一定程度後，表面多了焦糖味，若是燻烤則帶有陳木煙燻的味道，所以經過燒烤的魚可以搭配紅酒；但是清蒸的魚，還是以搭配白酒為佳。

我們先決定誰是主角，參考自己的味覺傾向，再進行配對，就好像撮媒要看是誰與誰「速配」，還要看是要站在誰的角度，幫誰說話。原則上有兩種組合：

相似的組合

　　例如,青蘋果沙拉可以搭配夏布利(Chablis),因為釀夏布利的夏多內葡萄(Chardonnay)帶有一點青蘋果香味,而且兩者的酸度都較高。至於煙燻魚肉則搭配以橡木桶陳放的酒,因為酒陳放時除了會吸收木頭的香氣,橡木桶在製造過程中,內層都經過烘烤,而煙燻食物也是以溼木屑燻製,其他味道若能均衡,兩者合婚時,自然能在嘴裡散發出陳香。

相反的組合

　　滿嘴麻辣,最需要清涼帶甜的爽口酒解熱,痛快澆熄熱火後,再接第二回合續戰,如此一冷一熱,就像不斷在嘴裡高潮迭起的交響曲。同樣的,

煙燻魚肉也可以搭年輕果香重的酒,一個沉著、一個鮮明,這是另一種搭配,考慮的正是往來之間,食物酸度和酒體厚實度能否恰當地撞擊出相反又相乘的美麗花火。

簡易的搭配方式

　　每一道菜也許真有可以搭配得完美無暇的那一瓶酒,但是生命是如此短暫,沒有足夠的時間把它找出來。更何況真正嚴格的搭配還是要將煮好的酒菜並列,而且由多人一起來做比對再投票,以屏除個人體值酸鹼因素。如餐廳裡因為有固定的酒單及菜色就比較容易比對。自備菜色時,例如乳酪的搭配,羊乳酪要較牛乳酪為酸,跟酒自然搭配反應就不同,看是要換瓶酒?還是在菜裡加點酸?或是補點

糖？特定食物能夠誇大或縮小酒的味道，某些葡萄酒可以壓倒一定的菜，但辦一場宴會若限定必須搭配少數酒款，難免覺得綁手綁腳。所以這裡有幾個方向，能讓你在選酒時輕鬆過關。

相似的地理位置

通常當地的酒最適合當地的菜，再不然就是找尋類似氣候的區域所生產的酒。

台灣夏天氣候炎熱，啤酒廠就釀製略帶澀味、低酒精的生淡啤酒，清涼解熱又爽口，適合潮溼炎熱的氣候，搭配各式各樣的小炒，怎麼吃都對味；相對地，你可能會驚訝於比利時啤酒竟然可以當飯後甜點酒飲用！原因在於比利時的氣候寒冷，他們便釀製那種厚實、高酒精，適合以室溫飲用的濃香啤酒。

另一個以地理位置搭配的葡萄酒例子是法國羅亞爾河谷（Loire Valley），因為長長的羅亞爾河靠近海口盛產海鮮，所以這一區的白酒特別適合搭配海鮮。

最後一例，番茄，這是最令人頭痛的食材。番茄酸度高，通常不易出錯的搭配是使用最多番茄料理的義大利托斯卡尼（Tuscany）的奇揚替（Chianti），因為當地人釀酒時同樣考量搭配最常吃的食材，因而奇揚替的酸度較高，不怕番茄來考驗。

顏色的搭配

淺色食物之所以與淺色酒搭配，道理在於：淺色食物的味道通常較清淡，配上同樣清淡的白酒，是一種以相似性為原則的配合。以此類推，深色食物則搭配深色酒，同樣是相似性的原則。

老少配

年輕的葡萄酒搭配複雜調味的食物；陳年老酒就不要搭配過度烹調的食物，調味料越少越好。陳年老酒的味道極其微妙，準備簡單的食物，讓人可以專注於品酒。

酒精度的搭配

酒精在食物搭配中占有重要地位。酒精度太高對食物不怎麼友善，所以酒精度真的太明顯時，建議單獨飲用。至於準備食物時，請以下列為參考：
● 12％的酒精，食物要輕煮風格，如水煮或清蒸。
● 12.5～12.9％酒精，食物要中度炒煮風格，如煎炒。
● 13％以上酒精，食物要重煮式風格，如燒烤或火烤。

如何修補葡萄酒與食品

● 別怕葡萄酒太甜，當菜色夠酸就可以搭配，且酸度有助於降低油膩感，所

❋ 不同白酒葡萄品種的酸度參考

白蘇維濃（Sauvignon Blanc）→ 高

德國麗絲玲（Riesling）→ 高

白梢楠（Chenin Blanc）→ 高

法國夏多內 → 高

法國氣泡酒、香檳（Champagne）→ 中到高

灰皮諾（Pinot Gris, Pinot Grigio）→ 中

加州夏多內 → 低到高

格烏查曼尼（Gewürztraminer）→ 低

❋ 不同紅酒葡萄品種的單寧強度參考

卡本內・蘇維濃（Cabernet Sauvignon）→ 強

希哈（Syrah, Shiraz）→ 強

梅洛（Merlot）→ 中

金芬黛（Zinfandel）→ 中到高

山吉歐維列（Sangiovese）→ 中

黑皮諾（Pinot Noir）→ 低

薄酒來地區（Beaujolais）加美（Gamay）→ 低

以遇上較油膩的主菜就找瓶高酸度的酒吧。

● 單寧與蛋白質是天生一對，蛋白質能降低單寧的澀味，因此，單寧高的葡萄酒適合搭配各式肉類。

● 葡萄酒的酒精含量高，建議冰鎮以降低酒精的熱感，或是選用開口小的杯子。但是溫度太低時單寧會較明顯，香氣會減少，所以冰鎮的溫度要適宜。

● 高脂肪的食物會軟化酒中的酸度及單寧，因此高脂肪食物適合單寧高的葡萄酒，以免讓酒顯得不夠有力。

● 食品中的鹽有時能加強葡萄酒的鮮味，所以需要時適度為食物撒點鹽；酒與食物的酸度若不夠對稱時，則擠些檸檬汁在食物上。

酒與菜的迷思

世界上不同區域的酒食，各具不同特色，要學習到什麼都懂，耗時長久，乾脆交給專業來處理。你可以請專業酒商為你選菜與酒、為你形容一瓶酒的口感是偏酸或澀，以及單寧和酒體又如何；或者到有侍酒師的餐廳，請他們全權處理。然而，若能稍懂一些道理，對享受美食絕對有幫助。

在千變萬化之中，每個廚師對於同一道菜也有不同的烹煮方式，以及對味道輕重的呈現。你的酸、我的甜，口味在不同程度的認知上，感受截然不同。講起酒食的搭配，請讓自己當個冠軍級或超級型的生活玩家，而不是處處都爭第一等或最高級的完美主義者。讓生活好過些吧！畢竟酒與食物完美搭配的變數真的很大。

倒是身為宴會主人的你，應該記得一個訣竅：手中常有一杯冰涼的水，以便在品嘗不同的食物和酒之餘，好讓舌頭有刷洗前味的機會。尤其是在家宴客，主人要擔負連帶責任，為避免客人喝醉，確保客人補充足量的水分是非常重要的。因為酒精代謝得慢，整晚如果只攝取酒精，容易造成脫水，回家宿醉的可能性相對提高。如此一來，隔天醒來後，昨天宴會裡的美好記憶將大打折扣，形成了一場小小的災難，而不完全是享受了。

{ A SINCERE
INVITATION

催 化 一 場
完 美 派 對

}

就像旅行的愉悅是從擬好計畫的那一天開始，越早開始計畫旅行，就越早讓自己處在有所期待的生活中，倍感充實。

當你已經邀約一場宴會的時候，就成功了一半。對家人與朋友而言，宴會最重要的是「聚」，其餘的吃、喝、玩、樂，都只是輔助。因此，準備好宴會的心情才是第一要務。

宴會可能是在不同的地點或場合，人數可多可少，甚至是自己一個人，邀請美食與好酒來作證，讓自己的心與靈相聚。無論如何，一場美好的宴會，正是疼愛自己及朋友家人的具體行動。

本書所分享的許多細節，都是為了催化一場更完美的餐宴，至於能否完整複製，則得抱持著平常心，但若能注意這些重點，有心者仍可以創造出盡善盡美的宴會準備或參與經驗。

首先，設計一個主題，以便提高宴會趣味。例如：情人節時約好出席者全部穿戴與紅色相關的服飾；生日宴會則讓壽星穿與眾人相反的顏色；英式下午茶戴華麗的帽子；中國年穿傳統服飾……無論如何，別忘了在邀請時清楚說明，究竟是睡衣宴或鄉村風牛仔味，隨你想像。

試著想像自己是餐廳的主廚，將當天菜色列一張類似餐廳的菜單，以及事先為客人安排好座位或放置名牌，甚至更講究地在餐巾繡上名字。因為就算你不放名牌，客人還是會詢問主人該如何入座，那麼，何妨事前盡可

能做好貼心的安排。

　　參加宴會的賓客通常會有些特定的期待。例如：魚肉類會多過青菜，而且絕對不會是減肥餐；湯品是第一道或最後一道上桌；冬天要吃到熱呼呼的菜，夏天則著重在清爽。還有一定要詢問賓客的飲食禁忌，準備替代方案。建議要列入菜單的菜色，務必是預先試做過的食譜，盡量不要在宴客時選用不曾做過的菜，這無疑是在時間及技巧掌控還不夠有信心時，為自己增加額外的壓力。

　　另外，按照賓客的年齡、背景、喜好、對新事物的接受度來選擇食譜，例如：年長者不宜油膩辛辣、年輕人則喜歡創新。最新穎的菜色不一定最討喜，反而最能滿足賓客的往往是他們最渴望吃的菜。例如：接待從台灣來歐美旅行一段時間的客人，無論什麼季節，來一道熱呼呼的家常清湯，通常都讓人感動。還有，不要挑戰客人最拿手的菜色，例如：做江浙菜給專擅做菜的江浙人。除非你有相當的把握，否則不如來個西餐菜單，或是平常很少吃的奇巧菜色，讓人沒得比較。

　　會議及特殊宴會還有其他考量。為教育訓練而準備的午餐宴，就不宜端出那些吃完之後容易讓人產生睡意的餐點，如過多澱粉類的麵食；相反的，除了適量的肉類，還可以多增加蔬果類，讓大家在下午時刻依然精神奕奕地聽課。

　　猶記得多年以前，獨力買下自己的第一棟小小公寓，當時除了添購一張長沙發，再沒有多餘預算採購家具，只能廉價買入二手小餐桌及四張小椅子。我平時工作客戶的整個部門說要來為我慶賀新居，就算是必須自備椅子也要來，於是我就一口答應。當時將近二十人擠進餐客廳相連的十坪小空間，做好的菜則占住全部餐桌面，侷促得連放碗筷的空間都沒有。這群手拿碗筷、肩並肩擠在一起開心地吃著飯的，其實是個個都有棟好房子的醫學教授及工作人員們。當時宴會的成功全靠一份至今教人回味的──彼此真情的邀約。

　　結論是：重要的社交餐宴當然要盡可能面面俱到，但真正成功的聚餐要件並無關室簡巷陋或菜色華麗與否，卻與真情邀約有絕大的關係，請大家放心，趕快去邀約吧。

* 食譜使用說明
本書食材份量皆以英制－公制並呈，以方便讀者使用對照。單位對照表另見 246 頁。

{ NAPA PICNIC

第 1 宴

酒 鄉 那 帕
加 州 陽 光 野 餐

}

敬酒　　水果籃

你要住夏多內或是黑皮諾？門上一小塊瓷磚燒出這兩種葡萄的形狀，一白一紅。我選了黑皮諾，倒不因對葡萄情有獨鍾，而是這個房間比較大。這個度假屋除了將真的橡木桶置於挑高處、天然石頭縫隙中做了個酒窖，總計超過113件以葡萄裝飾的物件，而且數量持續增加。讓人得以想見屋主對這間位於那帕（Napa）酒鄉度假屋的用心。

我有幸受邀到此度假。前一晚，就打包好拿手菜威靈頓牛排[1]和醬汁放在凍箱裡，算是用來答謝屋主的招待。將千層派皮包裹上等的菲力牛排和蘑菇醬，只要開飯前一小時送進烤箱，這道主菜就能從容上桌，專門用來對付最威武的紅酒。輕輕鬆鬆準備好晚上大快朵頤的菜色，白天的其餘時間，就可理直氣壯地盡情玩樂。

行李剛放下，鸚鵡的歡呼聲滿屋，讓人不得忽略牠的「男朋友」來了。莫札特芳齡十八，是個姑娘，名字是在未知性別之前就被決定了。自從牠與M初會，就一見鍾情，黏著M不放。我的心裡很不是滋味，希望也能有機會逗弄鳥兒，沒想到總是被拒於千里之外，而且牠搭上的是我的老公！至於M，則對於這個外遇顯得開心不已。好吧！我只能安慰自己，算牠的眼光與我英雌所見略同，當太太的我，只好睜一隻眼、閉一隻眼，也把牠帶去野餐。

戶外獨特的葡萄莊園景色，讓野餐成為活動首選，提著野餐籃逛酒莊，就能消磨一整天的行程。一條單純的法國麵包，或是加有不同穀物的鄉村

Napa 景色

麵包，烘製的過程沒有加糖，也不含油脂，卻有外皮烤到鬆脆的天然焦糖味，成為最適合品酒的主食，不必擔心混淆味覺；而餅乾或乳酪都含有奶油，油脂會使單寧的苦澀顯得柔順，很容易誤判葡萄酒。這趟野餐純粹來享受美好時光，不用檢驗醇酒，凡是適合於享樂時吃食的，只要不過度突兀，全部列入考慮。

準備的野餐菜主要考量簡便攜帶，適合年輕的新酒。選用比較不鹹的大顆橄欖、色香味俱全的乾番茄羅勒乳酪醬、菠菜乳酪醬、新鮮微辣的莎莎醬[2]、乳酪盤和水果，這些醬料都很容易製作，有一些甚至連超市都有販售，但是自己調味比較均衡，配酒才不會走味。例如，莎莎醬就不能做得太辣，辣過頭的話，酒是什麼味道都分辨不

出來了。

拜訪酒莊最無可取代的收穫，莫過於酒莊產量極小的精釀葡萄酒，這在市面上極為罕見。所謂精釀，通常是使用全新的、較高級的橡木桶（甚至更換不同橡木桶），或者儲存的時間久一點，所以展現出的味道變化也豐富一點。然而，精釀酒既費工費材又產量稀少，其價格自然不菲。若再

◈ 1 威靈頓牛排（Beef Wellington）：傳統英國宮廷菜肴，又稱「酥皮焗牛排」。常見作法：挑選上等菲力牛排，以大火煎至上色後，再以派皮包裹烘烤。華麗版則於底層鋪鵝肝醬和蘑菇醬（Duxelles），再以火腿包覆牛排、刷塗蛋黃液，放入烤箱慢火細烤，至酥皮鬆化。

◈ 2 莎莎醬（Salsa Sauce）：墨西哥菜肴常用的醬料，泛指辛辣的醬汁。通常以切碎的番茄、洋蔥和辣椒混合製成。傳統墨式莎莎醬是以石臼和杵敲打、研磨，現今多採用食物調理機。莎莎醬用途很廣，除了當作沾料之外，還能用於餅皮的內餡，或是肉類料理的配菜。

講究每個細節，就足以成為拍賣市場的新貴，即膜拜酒（Cult Wine）的前身。這一趟喝的都是精釀，除了加州幾個主要品種：夏多內、卡本內·蘇維濃、梅洛、黑皮諾，和特色品種金芬黛之外，更多其他品種讓人不斷地充滿驚喜。

美國是世界第四大葡萄酒生產國，90％以上的葡萄酒產於加州，那帕地區是加州最重要的產區，每年吸引許多愛好品酒的人光臨，成了著名的觀光勝地。若要到美國品酒，那帕必定是首選。美國平均每人消耗的葡萄酒量位居於世界第三十幾名，除了保守的宗教影響，很多州星期天是不賣酒的，全美每人每年才喝兩加侖，而加州人卻喝掉四加侖。我手中這杯酒，好像是幫其他州喝的！但美國也是第二大自產自銷國，換句話說，自己生產的酒大多自己喝掉了。

加州的陽光充足，葡萄糖分高，果香較易施展嬌艷，糖經過酵母轉化成酒精比例也較高，所以，品嘗加州酒就像啜飲陽光，當酒下肚後，回吐氣時還有灼熱感在喉頭。新世界[3]的酒，其陽光普遍比舊世界充足，所以酒精度較高，稍微冰鎮可以修飾或隱藏，若酒精度太高搭配食物則成了負分。冰鎮還可以隱藏其他令人不悅的味道，這是喝粗糙酒的巧招，無論它是紅、是白，通通拿去冰一冰，就比較喝不出好壞，專家想檢驗白酒好壞、有無雜味時，鐵定喝可以完全展現原貌的室溫。野餐的地點必須事先調查

氣泡酒·Mumm 酒莊品酒

❀3 新世界：指新一代的產區，諸如美國、阿根廷、南非、澳洲、智利、紐西蘭；舊世界則指釀酒歷史悠久的法國、義大利、西班牙、葡萄牙等產區。

❀4 第一樂章：新世界頂級葡萄酒的代表作，亦被列入世界百大名酒。以葡萄酒為主題的漫畫《神之雫》第一集即出現兩次。該酒莊創立於1978 年，為波爾多慕桐堡（Mouton Rothschild, Ch.）與那帕釀酒巨人 Robert Mondavi 兩大龍頭跨國合作。酒莊採預約制，而且沒有導覽，純粹提供品酒，但試飲的價格不菲。官方網頁「Opus One Winery」：http://en.opusonewinery.com/

好，許多酒莊雖有戶外餐桌，但不接受客人自己帶食物前來。

酒莊提供品嘗的多為剛上市的新酒，釀製風格傾向單寧柔順，上市後可立即飲用，果香在陳放過程是最不易保存的，若酸度和單寧都不夠的話，陳年很快走下坡，建議加州一般的紅酒最安全的儲存期約四至十年，白酒則是四年內，這樣加州酒的特色果香才不會跑光了。

夏季傍晚駕車駛在那帕的銀礦小徑（Silverado Trail），從座車裡的一面窗戶望出去感覺到彷如沙漠般炙熱，紅土上甚至種植著仙人掌；另一面窗戶卻是放眼綠色，透著沁涼，在那帕這一塊大區域裡的小區域，擁有著多種迥然不同的氣候，這叫作「微型氣候」（Microclimate），因此種出不同甜度的葡萄。

沿著長長的銀礦小徑或是 29 號公路，一路往北開，兩旁有拜訪不完的酒莊，每一家各有特色及看頭，但可不是每家都隨時開放品嘗，若沒有事先預約，恐怕嘗不出個精髓。外表充滿藝術氣息、精心設計的酒莊，並不代表它就值得花 20 美金來品嘗！

走進聞名亞州的第一樂章酒莊（Opus One）[4]，在這兒見到的客人多為東方臉孔，許多美國朋友向我表示：「想不透為什麼要多花那麼多錢去喝第一樂章？」本地人對於銀橡木酒莊（Silver Oak）反而趨之若鶩，因為同樣是類波爾多（Bordeaux）混種，銀橡木的價格合理多了。商業包裝及市場行銷往往教人目光迷濛，但是這不能全怪亞州人，因為距離遙遠，我們只能以品牌及價格做參考。

滿桌野餐

成串葡萄

　　我喜歡現代都市充滿令人目眩的
科技、高聳摩登的建築、名目繁多的
藝文活動，但是休閒時，更愛別有風
情的小鄉小鎮。除了充滿美酒佳肴的
那帕之外，還有位在西北邊不遠的索
諾瑪（Sonoma）。

　　儘管釀製紅酒、種植葡萄被賦予
浪漫情愫，商業價值越來越提升，這
行業本質上還是農業，當那帕酒鄉越
來越商業化的同時，索諾瑪區其實很
想跟進，只是步伐還沒那麼快，品一
口酒幾乎要到買一瓶酒的價錢，目前
尚未在那兒發生，接待你的還不全然
是身穿襯衫或腳蹬高跟鞋的，悠閒的
氣氛仍然彌漫在空氣中，小鄉小鎮的
風情猶閃耀在人們臉上。索諾瑪北區
與那帕南區可以找到不錯的黑皮諾，
其他品種也各具特色。許多酒莊雖然
位於那帕或索諾瑪，但同時又擁有不
同產區的葡萄園，也有買葡萄來釀酒
的，因此只有在自己的酒莊園中自栽
自釀的酒才會在瓶子上註明「Estate」，
若無註明則表示這釀酒用的葡萄是跟
別人買的。

　　我們一路野餐，拜訪酒莊、啜飲
著陽光，酒精彷彿長時間、低劑量慢
慢地注入，我稱它為「長時間持續性
微醺療法」，相較於短時間飲入很多
酒的餐宴，既健康又快樂許多，這項
療法專治長期工作壓力大又缺少假期
的症候群，只要一天就搞定。

　　莫札特在車裡大笑，這隻鳥的笑
聲就像個放肆的孩子，感染著我們所
有人，平日累積的疲勞及壓力，全被
大地珍釀撫平了。

辦桌檔案

[主題]　酒鄉度假
[主廚]　Miggi Demeyer
[特色]　戶外野餐用餐點
[地點]　美國加州那帕 Rutherford 酒莊戶外餐桌
[菜單]　乾番茄羅勒乳酪醬、菠菜醬、莎莎醬、乳酪盤、橄欖、脆餅，以及多種
　　　　穀類製成的鄉村麵包。
[配件]　有冷藏功能的野餐籃、餐墊、酒杯、餐巾刀具、開瓶器、瓶裝水等。
[攝影]　Sabrina Huang, Miggi Demeyer

菜單設計

最前方是杜綠白的番茄羅勒乳酪醬，松子及新鮮羅勒則為材料展示。

　　這個活動以酒為主、食物為佐，所以食物不用準備過多。拜訪酒莊時每一處停留的時間不長，加上食物不宜放在室溫，所以要挑選一個具有保持食物冷卻功能的野餐籃，食物也以方便攜帶不易敗壞的為主，例如：使用野生酵母製成的舊金山酸麵包，就會比一般麵包耐放。而乳酪持續性不斷地在熟成，必須謹慎地包裝好儲存在 1~4℃ (32~40℉) 之間，但是食用乳酪時最好是在室溫，所以攜帶足夠一天的用量即可。水果最好整個攜帶，不要去皮切塊，因為果皮有天然的保護功能，莎莎醬為酸性食物，抗菌性會比較高。兩種同樣是乳牛製的高達乳酪，其中一個是經過陳年的口味較重而且乾硬，要用刀子剝下一粒粒來品嘗，另一種是經過煙燻、質地稍軟，可以切片，經過不同方式處理過後，吃起來像是不同的乳酪，另外再加上臘肉香腸和堅果也都是不錯的選擇。

金芬黛

品飲氣泡酒

酒類搭配

金芬黛是個果香濃厚、且號稱源自美國加州的品種，但是追溯其基因，又發現它是源自於中歐國家克羅埃西亞（Croatia），輾轉傳到義大利的古老葡萄品種普利米提歐（Primitivo），它就生長在義大利南部，即地圖上那隻高跟馬靴的鞋跟上。就算金芬黛不是起源於加州，然而，它愛上加州氣候，加州讓它落地生根，而且成為特色品種。至此，若不再對它有多一點認識，顯然說不過去的。

金芬黛葡萄葉面大，能夠充足吸收陽光，酒精一向比例很高，達 15% 左右（其他品種約 12~14%），稍微冰鎮一下，好隱藏部分酒精，如果先前沒放入冰箱，我通常讓瓶子底座置於冰塊之中而不加水。加水兌冰塊 50% 等比例溫度會降得比較快，適合用於替白酒降溫。雖然冰鎮會讓單寧的澀度較為顯現、果香度下降，但是這個葡萄品種本來單寧就不高，加上果香濃郁的特色，使人放心地讓它坐在冰塊上，等待宴客時才登場展現嬌姿。

陳年使果香漸漸消散，金芬黛的果香特色將式微，所以請別考慮陳年的問題，新鮮購入後，最好三年內就飲用，至多不要超過四年，否則陳年太久，與飲用一般的波爾多酒沒什麼兩樣。

金芬黛較不適合海鮮，或輕度烹調的食物（如水煮或清蒸），除非精心調味，加上其他配菜。它適合燒烤的肉類，重口味調製的食品，豬背脊肋排烤肉、重鹹的乳酪小泡芙、甜椒羊乳酪沾醬都可以搭配。

乾番茄羅勒乳酪醬 *Dry Tomato Pesto Cheese Spread*

份量	2 杯量

材料 紅色番茄：
1 杯曬乾的蕃茄，切碎

羅勒青醬：
2 杯羅勒，壓緊實在杯中來測量
1/3 杯松子，烤過
3 個大蒜，去皮、切碎
1/2 杯橄欖油
1/2 小匙海鹽
1/2 小匙現磨胡椒粉
1/2 杯帕馬森乳酪或羅馬諾乳酪磨碎

乳酪白醬：
1/2 杯奶油乳酪

做法 1. 找一個直桶狀容器，將切碎的乾番茄壓緊，置於容器最底層。
2. 將奶油乳酪以適量鹽調味後，靜置備用。
3. 將松子、大蒜、一半的鹽、一半的橄欖油以果汁機攪打成泥狀，約 1 分鐘。開始逐次加入羅勒，此時使用果汁機的瞬轉功能，並逐步加入剩餘橄欖油（每次加的越少越好，直至全部融入醬泥）。
4. 以鹽調味，添加帕馬森乳酪，混合均勻後，立刻裝入 1，成為第二層。
5. 將調味後的奶油乳酪，倒入 4，置入冷藏室約 20 分鐘或更久。
6. 待食用時，自冷藏室取出，倒扣於盤中，或直接食用。

Makes 2 cups

Red sun dried tomato
1 cup dried tomato, finely chopped

Green pesto
2 cups basil, tightly packed
1/3 cup pine nuts, toasted
3 cloves garlic, peeled and chopped
1/2 cup olive oil
1/2 tsp. sea salt
1/2 tsp. fresh ground pepper
1/2 cup Parmigiano-Reggiano or Romano cheese, grated

White cream cheese
1/2 cup cream cheese

DIRECTIONS

1. Find a straight-sided container. Placed the chopped dried tomatoes in the bottom of the container. Press hard.
2. Add salt to cream cheese to taste, set aside.
3. Place nuts, garlic, half of the salt, and half of the olive oil into a blender or food processor fitted with the blade attachment. Blend to a paste, about 1 minute. Begin adding basil leaves gradually and blend on and off to incorporate basil into the emulsion. Add the additional oil gradually until the paste is thoroughly combined.
4. Adjust the seasoning with salt as needed. Add the Parmesan cheese and mix well, and immediately set into the container on top of the dried tomatoes, as the second layer.
5. Immediately top the pesto with seasoned cream cheese, as the last layer. Stored in the refrigerator for 20 minutes or longer.
6. Place up side down on a plate before serving.

TIPS ◎ 預先烹調：將羅勒醬打好後，很快地會因氧化而從鮮綠色轉為褐綠色，所以處理過程必須越快越好，若是單做青醬立刻裝入容器，倒一層橄欖油，或以保鮮膜貼覆醬泥表面，置於冷藏室，約能存放一星期。欲存放更久，則置於冰塊盒，凍成小塊後，以塑膠袋盛裝，冷凍保存，待需要時，酌量使用。解凍後才添加帕馬森乳酪或羅馬諾乳酪。

◎ 烹調變化：以歐芹或薄荷葉，取代部分的羅勒葉。

◎ 其他運用：羅勒醬可運用於麵條、水餃、魚或雞肉料理。

⊙ To make it ahead: Proceeding as quickly as possible to prevent pesto from oxidating (turning brownish).

⊙ Variations: Use parsley or mint to replace a portion of the basil.

菠菜醬 *Spinach Dip*

份量	1½ 杯量

Makes 1½ cups

材料

1 盒（約 9 oz./255g）新鮮或冷凍菠菜，切碎
1 盒（約 8 oz./227g）酸奶油
1/2 杯美乃滋
1/2 小匙食鹽
1/2 小匙蒔蘿粉（或 2 小匙切碎的新鮮蒔蘿）
1/4 小匙乾洋蔥粉（或 1 小匙切碎的新鮮洋蔥）
1/4 杯切碎的青蔥
8 oz./227g 荸薺，瀝乾、切碎
餅乾或切好的新鮮蔬菜

1 box (9 oz.) fresh or frozen chopped spinach
1 container (8 oz.) sour cream
1/2 cup mayonnaise
1/2 tsp. celery salt
1/2 tsp. dried dill weed
1/4 tsp. onion salt
1/4 cup chopped green onions
1 can (8 oz.) water chestnuts, drained, finely chopped
crackers or cut-up fresh vegetables

做法

1. 將冷凍菠菜解凍（若使用新鮮菠菜則先汆燙），擠出多餘水分後切碎，備用。
2. 混合菠菜、酸奶油、美乃滋、洋蔥粉、青蔥、荸薺等所有材料。
3. 將 2 密封後，放入冷藏至少 2~4 小時，最好放置隔夜。
4. 待食用時，搭配餅乾或切好的新鮮蔬菜。

DIRECTIONS

1. Defrost frozen spinach or cook fresh spinach. Drain well, squeeze out excess juice.
2. Combine all ingredients. You can add as much mayonnaise and/or sour cream to satisfy your taste. Mix well.
3. Cover and refrigerate at least 2 hours to blend flavors.
4. Serve with crackers or fresh vegetable dippers.

TIPS

◎ 烹調變化：以酸奶酪（優格）替代酸奶油，但酸奶酪質地較薄。將酸奶酪放入碗中，底部襯篩，置於冰箱內排水 30~60 分鐘後才使用。另外，可依各人喜好口味，適量調整美乃滋或酸奶油的用量，或加入少許檸檬汁。

⊙ Variations: Yogurt is an excellent substitute for sour cream in most recipes, but keep in mind it is thinner in texture. Thicken yogurt by draining through a cheesecloth-lined sieve over a bowl in the refrigerator for at least 30 minutes.

莎莎醬 *Salsa Sauce*

份量	2 杯量	Makes 2 cups

材料	8 oz./227g 紅番茄，去籽，切細碎	8 oz. tomatoes, seeded and diced
	2 oz./57g 洋蔥，切碎	2 oz. onions, minced
	2 oz./57g 青椒，切細	2 oz. green pepper, diced
	1 oz./28g 萊姆汁 ✱5	1 oz. lime juice
	2 大匙香菜，切碎	2 Tbsp. cilantro, chopped
	1 大匙新鮮橄欖油	1 Tbsp. olive oil
	1 小匙大蒜，切碎	1 tsp. garlic, minced
	1 小匙墨西哥青辣椒去籽，切碎	1 tsp. jalapeño pepper, seeded and minced
	1 小匙鹽	1 tsp. salt
	1/2 小匙奧勒岡	1/2 tsp. oregano, chopped
	1/2 小匙黑胡椒，現磨	1/2 tsp. black pepper, ground

DIRECTIONS

做法	將所有材料混合，適度鹽和胡椒的用量，即可使用或冷藏保存。	Combine all ingredients and adjust the seasoning with salt and pepper. Use immediately or store in refrigerator.

✱5 檸檬（Lemon）和萊姆（Lime）：目前台灣皆有栽種，而檸檬的栽種範圍較大。市面上俗稱的「無籽檸檬」應是萊姆。因為台灣氣候的關係，無論萊姆或檸檬的果皮都呈綠色或黃綠色，常溫下會漸漸轉為黃色。區分檸檬與萊姆的方式：檸檬果皮油囊較粗大；萊姆果皮油囊較細小。在美國檸檬（Lemon）為黃色，萊姆（lime）為綠色兩者味道不盡相同，萊姆酸度比檸檬高。

乳酪盤及水果 *Cheese Plate*

份量　視喜好調整

材料　陳年荷蘭高達乳酪　　　　　　　aged Gouda cheese
　　　煙燻或一般高達乳酪　　　　　　Gouda or Smoked Gouda cheese
　　　諾曼第卡蒙貝爾　　　　　　　　Camembert de Normandie
　　　布根地黛莉絲乳酪　　　　　　　Delice de Bourgogne
　　　密棗乾或蔓越莓乾　　　　　　　dried dates or apricots
　　　新鮮葡萄　　　　　　　　　　　fresh grapes
　　　核桃或胡桃　　　　　　　　　　toasted walnuts or pecans
　　　草莓　　　　　　　　　　　　　strawberry or other berries
　　　青蘋果　　　　　　　　　　　　granny smith apple sliced
　　　蜂蜜　　　　　　　　　　　　　honey

乳酪拼盤

派對籌備工作倒數　Check List

♦ **倒數 24 小時**
購買所有食材及瓶裝水。

♦ **倒數 18~12 小時**
做好乾番茄羅勒乳酪醬、菠菜醬、莎莎醬、乳酪盤、威靈頓牛排和醬汁等所有食物，置冰箱及冷凍庫保存。準備多餘的冰塊，瓶裝水放冰箱。

♦ **倒數 12~1 小時**
準備野餐籃、餐墊、酒杯、餐巾刀具、開瓶器。

♦ **出發上路前**
打包所有器具、瓶裝水及食物，途中購買當天新鮮麵包。

{ SPAIN

iNotxo bar

慾望巴塞隆納
西班牙好好吃

保格麗亞市場巧克力販

開心街景

地中海明珠巴塞隆納是歐洲最具文化及美食爆發力的創意城市，彷如歐洲最佳博物館、西班牙的巴黎，這裡擁有海灘、美食、藝術表演、古蹟文化中心和歷史遺跡，人文水準高、城市建築漂亮、旅遊景點多、可以一路玩到深夜還捨不得入睡……。

於是，四名女子相約，趁著春天的尾聲，從不同的城市出發，飛往這個充滿欲望的城市——巴塞隆納。連天氣都為嬌客做好了準備，在下飛機的前一刻即從陰雨微寒轉為多晴而溫暖。一群女人想要來找愛？是也不是！卻肯定不能錯過好吃好喝的。除了我以外，還有台灣人生常酒餐會的會長M、嚐盡世界美食的J、在台灣吃膩魚翅的A，共同點是全都熱中海鮮與美酒，而這正是西班牙的拿手強項。

旅遊旺季要再一星期才開始，但是蘭布拉大道（La Romblas）已經熱鬧起來，我們承租的公寓就坐落在這條街上，有許多逛街的好去處，方便我和這幾位單身女友碰上艷遇時，可以馬上回家更衣，漂漂亮亮地赴約。除了這個俏皮的念頭，還有一個更重要的原因，公寓斜對面是歐洲最有名的保格麗亞市場（Boqueria Market），這個市場從1470年起開始營業，至今已有五百多年的歷史，其間歷經了數次重建。市場裡頭賣著形形色色的食材、小吃、新鮮水果，有難得一見的新鮮鵝鴨肝專賣店，有做得像橄欖形狀的巧克力店，各種西班牙火腿更是樣樣不缺，只差自己沒有從容下廚的時間，因為還得拜訪我最崇拜的建築鬼才高第（Antoni Gaudí I Cornet, 1852～1926）

鰻魚番茄小菜

Salamanca 餐廳海鮮　小木偶酒吧老闆 Juanito

的作品。

在保格麗亞市場裡，有一家非去不可的小木偶酒吧（Pinotxo Bar），它在台灣僅可稱之為小吃攤的擺設，端上來的卻是餐廳級的大菜。年逾七十的老闆 Juanito 熱情地招呼我們用早餐，先從卡瓦氣泡酒（Cava）開始，一早就受到巴塞隆納的特色酒款迎接，讓我們心裡喜悅得不斷冒泡。接著是當天捕獲的海鮮，炭火烤長竹蟶蚌、烤蝦，小牛下巴燉肉沾歐式麵包，而自製香腸配沙拉當然更不能錯過。還有西班牙的特色麵包，就是在麵包上先擠上番茄汁，再塗上奶油。咖啡更是絕妙，教人一喝上癮。其中加了鰻魚和松子的鷹嘴豆是這家酒吧的招牌菜，聽說是必點菜色，我們豈能錯過？這道菜看似簡單，入口卻充滿驚喜，我

的腦中開始解碼：入嘴還是顆粒狀的粗海鹽、少許點綴的松子、切得細碎的青蔥、還有一個很熟悉的味道……對了！是鰻魚和蒜頭。我心裡想著：這道菜的鷹嘴豆得要浸泡清水至隔夜，先煮軟再炒，鰻魚和蒜頭的香是熱炒出來的，海鹽想必是最後才放。當下立刻決定回家後要如法炮製。

我們在巴塞隆納六天，總計拜訪小木偶酒吧四次，至今依然念念不忘。同行的 J 說，她可以只為了這家酒吧，再度回到巴塞隆納。小木偶的唯一缺點是早上九點開始營業，下午四點左右就賣完收攤，而且只收現金。有一天，我們不到四點就抵達，酒吧卻準備打烊了，以至於我們什麼都沒吃到，只能飲恨。

我們的房東推薦了兩家平民餐

廳：專賣西班牙下酒小菜（Tapas）[1]的「Tapa Tapa」，以及比較正式「薩拉曼卡（Salamanca）」餐廳。Tapa Tapa算是價錢合理，在當地頗有好評，數年前我就曾拜訪過，2010年初整修，夏天以前又重新開幕。服務生推薦一種在巴塞隆納當地非常受歡迎的飲品「Una Clara」，是混入一半氣泡檸檬水的啤酒，味道極為清爽，每到一家餐館或酒吧，我都要先來上一杯，而同樣的飲料到了德國則叫「Radler」。

　　薩拉曼卡是老字號，卻褒貶不一。當地人很清楚該點什麼菜或許好些，因為他們只有一個服務生會講英文。我們點海鮮，說明份量不要太大，服務生展示海鮮現貨，表示沒問題，端到面前時，卻是一大盤油膩膩、吃不

CDLC 餐廳用餐臥床

Una Clara 檸檬水啤酒

完的炸海鮮，簡直糟蹋了新鮮食材。我立刻想念起台灣淡水的富基漁港，那些清蒸、不經過度烹調的海鮮，豈是眼前這些菜色所能媲美？不禁大失所望，但在這裡倒是能嘗到西班牙最好的火腿肉。

　　講到時尚餐廳，近來巴塞隆納最熱門的，是緊鄰海岸、與大海僅有沙灘之隔的一整排餐廳酒吧。其中 CDLC 餐廳坐落於最尾端，也最有趣。整間餐廳充滿異國風情，以印度輕紗做隔間，到處都是抱枕，誘惑著人們隨時慵懶躺下。戶外則有巨大的石頭佛像充當梁柱，餐桌旁一長排的臥床，彷彿要讓人躺著吃飯。因為所有的浪漫臥床都被占滿了，我們只好選擇在標準座位上用餐。我們點了地中海式蝦沙拉、墨汁海鮮飯、焗烤干貝加火腿，

西班牙特色麵包小菜

炭火烤長竹蟶蚌　保格麗亞市場火腿販

樣樣好吃。除了一定要喝的西班牙卡瓦氣泡酒和葡萄酒之外，以紅酒和果汁調製的桑格里亞酒（Sangría）＊2 更是必點飲品。巴塞隆納更流行以卡瓦氣泡酒取代紅酒調製桑格里亞酒，呈現出透明色澤，不過似乎沒有傳統的桑格里亞酒好喝。用完午餐後，當下決定這麼酷的餐廳一定要再來，聽說晚上還可以跳舞，更是不容錯過。

午夜時分巴塞隆納海邊散發著一股浪漫情調，幾家餐廳酒吧人潮川流不息，人人見到有跳舞的地方就往裡頭鑽，我們四個也不例外，一下子全有了舞伴。拉丁熱情著實驚人，他們就是有魅力在妳面前熱情起舞，卻不讓人有被侵犯的感覺。舞了好一會兒，我們覺得整個人像要燃燒起來了，趕緊逃離舞池。

外面就是沙灘，一堆人在餐廳和沙灘之間的小道閒逛。附近小販兜售著一朵朵盛開的玫瑰，花姿幾近完美，讓人掏完腰包後，就能立即獻殷勤。只見這些小販努力地向往來的男士推銷，就在我們短暫逗留之間，竟然三個人都收到了一朵玫瑰。我納悶地問為什麼A沒有花？原來，這位送花的浪漫法國人是要問我們，他可不可以單獨帶A到不遠的海邊逛逛。心花怒放的我們，當然樂見單身的A來場異國約會，更對他買花的舉動敬佩不已，這就是有些男人追女朋友永不失手的原因——懂得收買女人的姐妹的心。

享受彷若單身的片刻，我卻同時想念著送自己來到這個城市的另一半。擁有婚姻的我，此刻竟成了少數民族，忽然憶起臨行前他交代的話：「好好

※ 3 分子料理（或稱分子廚藝），為法國物理化學家艾維‧提斯（Hervé This）於 1988 年提出的思潮，是一門專為廚藝界所做的科學研究，重點在於針對食材的物理化學反應來準備製作料理，其結果改變了食材天然的分子結構，創造出全新的味覺、口感與飲食享樂體驗。眾多分子廚藝主廚中，以 Ferran Adrià 最具影響力，有「世界神級名廚」、「廚藝界的達利」之稱。因 Ferran Adrià 需研究新食譜以滿足他永不止息的學習精神，故「El Bulli」餐廳預計 2012~2013 歇業兩年。

海鮮飯

玩，我不管妳瘋到什麼程度，只要最後飛回我身邊。」

　　巴塞隆納是個說不盡的城市。二十年前初次與它相見時，我就深深愛上它！建築師高第帶給我心靈很大的震撼，使我忍不住想回到這個城市，每次都會再探訪未完成的聖家堂（La Sagrada Famlia）。我對它的感動，同時觸動了熱愛藝術的另一半，使我們相識相愛。這趟女子四人行，算是我的生日禮物，他送我再訪巴塞隆納——儘管他自己還沒有去過。

　　隔年三月，我們結婚周年，終於有機會帶著他到巴塞隆納。這次我們體驗了更多好餐廳、造訪卡瓦酒莊品酒、看盡主要的美術館、參觀世界文化遺址的演藝廳，還觀賞了一場傳統

的男士佛朗明哥表演。高第的聖家堂內部終於在 2010 年底完工，由教宗主持儀式。我暗自忖度：何時可以找個理由再訪巴塞隆納？

　　其實當代西班牙料理已經走在世界前端，譬如位於西班牙北端瀕臨法國邊界的聖賽巴斯提安小鎮（San Sebastián），即是三星米其林餐廳密度最高的地區。最前衛的分子料理（La Cuisine Moléculaire）※ 3 始祖 Ferran Adrià 也在西班牙，是米其林推薦的「鬥牛犬」餐廳（El Bulli）主廚。加州最難訂位的餐廳，莫過於「法國洗衣坊」（French Laundry），需提前四至六個月預訂，而這家餐廳竟以「年」來計算預約日期！一般餐廳每星期休息一天，而鬥牛犬餐廳連休息都是以年來

鯷魚番茄

●4「鬥牛犬」餐廳原文名為 El Bulli。餐廳所在地是德國醫生夫婦 Dr. Schilling 及夫人 Marketta 在 1950 年左右買下，1964 年開始雇用專人轉型為正式餐廳，Marketta 將餐廳以為她的寵物「鬥牛犬」品種的法文俗名「Bulli」來命名。Dr. Schilling 期待有一天餐廳可以列入米其林的推薦名單，所以非常鼓勵向外學習，1984 年 Ferran Adrià 開始正式到「鬥牛犬」上班，當時只是名小廚。1990 年 Dr. Schilling 及 Marketta 將餐廳賣給 Ferran Adrià 及外場經理 Juli Soler 兩人（曾獲選西班牙最佳餐飲管理人），El Bulli 連續數年被譽為西班牙最好的餐廳，1997 年登上米其林三顆星。

計算。在那裡食物被改變結構，以不同模樣形體展現，味覺被重新啟發、口感不斷地被挑戰。例如，固體食物變液體、液體變粉末；外型像鮭魚卵的，實際上是以果汁做成的，而且菜單絕不重複。至今，我仍只能藉由翻遍 Ferran Adrià ●4 所有著作和食譜，透過他人書寫的傳記來親近他，始終無緣親身探訪，甚為可惜。

　　儘管如此愛戀巴塞隆納，尋常的日子依然要過。返回美國家裡的廚房，每當想起美麗的西班牙時光，我的治療妙方是：翻出西班牙小菜專用的小瓦盤，再找只大圓鍋做海鮮飯，盛滿食物擺一桌，再酌上小杯雪莉酒（Sherry）開胃，讓思緒慢慢飛向遠方……。

烤蝦小菜

香腸小菜

辦桌檔案

[主題]　我愛巴塞隆納！
[主廚]　Miggi Demeyer
[特色]　複製西班牙餐點
[地點]　Miggi 家中
[菜單]　番茄冷湯、香料醃橄欖、蜂蜜海鹽烤杏仁、醋醃烤蒜頭紅甜椒、小木偶
　　　　鷹嘴豆、煨烤珍珠洋蔥、西班牙海鮮飯、加泰隆尼亞式焦糖布丁。
[配件]　西班牙製小瓦盤、海鮮飯專用鍋或是廣面的大平底鍋，西班牙國旗，巴
　　　　塞隆納足球隊旗。
[攝影]　Michael Demeyer, Miggi Demeyer

菜單設計

西班牙小菜，其中右中的那盤是小木偶鷹嘴豆

　　傳統西班牙風味小菜會成為食譜要角是有道理的。我的菜單雖然做了些小小變化，卻仍保留了覺得應該承續的傳統。西班牙小菜通常選用可以事先做好、或是靜置一陣子後更添美味的菜肴。現代版西班牙風味餐廳的菜色，組合當然更豐富，但有些食材本地取得不易；反之，我們生活的地區也有西班牙找不到的特色海鮮食材。因此只要記得掌握用傳統的小瓦盤盛裝些許下酒菜，就能呈現令人嚮往的氣氛。

　　記住！你可以創造屬於自己的風味小菜。西班牙海鮮飯的版本眾多，是否遵從傳統作法並不是重點，如何應用烹煮技巧讓菜肴更好吃，絕對比照章辦事更切實際——比如把米粒預先炒過就是一種變化。

　　經我拆解、重新複製的小木偶鷹嘴豆口味，與在西班牙品嘗的感覺一模一樣，沒有任何差錯，教人驚喜於再現它的美味竟如此容易啊。

雪莉酒

酒類搭配

一直很喜歡西班牙酒，但要從愛上雪莉酒之後，才算是真正戀上西班牙的開始。那是種絕妙的搭配，傳統西班牙美食與道地雪莉酒纏綿後的高潮，在我嘴裡展開一個令人迷醉的神奇新世界。

較常見的五種雪莉酒：

Manzanilla（不甜）：酒精度低，風味新鮮且細膩，帶點鹹味，來自於西班牙西北海岸邊的 Sanlúcar de Barrameda 市。

Fino（不甜）：酒精度低，風格清淡新鮮，適合冰涼飲用，應趁新鮮飲用，因為陳年不會增加風味，反而會喪失一些鮮度，開瓶後要當天飲用完畢。

Amontillado（不甜到略甜）：顏色略深，是 Fino 的重口味版加上堅果的香味，因為經過輕微的氧化，所以開瓶後僅可儲存 2～3 天。

Oloroso（微甜）：顏色呈棕色，酒體厚、酒精度較高，風味複雜豐富，有堅果、舊家具和葡萄乾的香味，因為已經過高度氧化，所以開瓶後仍可保持穩定。

Cream（甜）：通常是將較為低等級雪莉酒另外加糖，還有以 Oloroso 加入加甜用葡萄品種 Pedro Ximénez 釀製的。

在食物搭配上，不甜的雪莉酒可像白酒一樣冰涼飲用或可搭配海鮮，不甜到略甜可搭配西班牙重口味的香腸、乳酪和橄欖。甜的雪莉酒可直接當甜點，或加入其他甜食、冰淇淋。

我愛法國香檳，但在舉辦宴會時，更愛平價的西班牙卡瓦氣泡酒，它與香檳的製造方法相同，普遍酸度比香檳稍低，剛好符合多數人的口味，且與食物也容易親近。尤其搭配一小盤一小盤的下酒菜上桌，顯得隨意自在，完全脫去所有拘束。

田帕尼優（Tempranillo）是西班牙種植最多的特色紅葡萄品種，多與其他品種混合釀製，這種葡萄較其他品種早熟，酸度、甜度都低，酒精度也就低些，品嘗西班牙菜就該搭配西班牙酒！

番茄冷湯 *Gazpacho*

份量 12 人份	Makes 12 servings

材料
3 lb./1360g 成熟的羅馬番茄,去皮、去籽
2 個紅甜椒,去皮、去籽,切碎
1 個黃甜椒,去皮、去籽,切碎
1 個英國黃瓜(或 2 個小黃瓜),去皮、去籽,切碎
1 個紅色洋蔥,切碎
2 個大蒜,去皮,切碎
3 大匙橄欖油
2 大匙雪莉酒醋
1 瓶(180cc)番茄汁
少許 Tabasco 醬(或辣椒醬)
適量鹽和白胡椒調味

配料
1 杯脫皮杏仁片
1 杯切碎黃瓜(去籽)
1 杯蒜香麵包小方塊

做法
1. 混合所有蔬菜,保留 1 杯黃瓜,再加少許番茄汁,以果汁機攪打至均勻。請勿打得太細,才能保留纖維質感。
2. 加入油、醋、Tabasco 醬拌勻,嘗試味道後,調入適量鹽和白胡椒。
3. 冷藏 2 小時後即可食用。食用前,準備好其他任選的配菜。

3 lb. ripe plum tomatoes, peeled and seeded
2 red bell peppers, peeled, seeded and roughly chopped
1 yellow bell peppers, cored and seeded
1 English cucumbers, peeled and seeded
1 small red onion, roughly chopped
2 cloves garlic, peeled and chopped
3 Tbsp. virgin olive oil
2 Tbsp. sherry vinegar
1 can (or 180cc) tomato juice
1 dash Tabasco sauce
salt and pepper to taste

OPTIONAL GARNISH
1 cup blanched almond flakes.
1 cup diced cucumber (seeded).
1 cup croutons.

DIRECTIONS
1. Blend vegetables together with a little tomato juice until well mixed, but still retaining some texture.
2. Add oil, vinegar, salt and pepper. Mix well, and adjust seasonings to taste.
3. Chill for 2 hours before serving. Prepare all desired garnishes on the side.

TIPS ◎ 預先烹調:最好當天製作或前一天做好,置於冰箱保存。
◎ 烹調變化:用紅酒醋或蘋果醋代替雪莉酒醋。

⊙ To make ahead: Make one day ahead. It is best to make the same day as serving.
⊙ Variations: Use red wine vinegar or cider to replace sherry vinegar.

香料醃橄欖 *Herb-Marinated Olives*

份量	2 杯量

材料　4 瓣大蒜，去皮
　　　1 杯橄欖油
　　　2 小支百里香或迷迭香
　　　2 支辣椒
　　　6.5 oz./184g 卡拉馬塔橄欖罐頭（整顆的），
　　　瀝乾
　　　適量的鹽和胡椒

做法　*1.* 拍大蒜，但仍保持整顆。
　　　2. 將大蒜、百里香、辣椒、橄欖油一起入鍋，
　　　以最小火，低溫煮約 5 分鐘（不要煮沸），
　　　即可離火。
　　　3. 立刻加入橄欖，讓它冷卻。

Makes 2 cups

4 cloves garlic, peeled
1 cup olive oil
2 sprigs thyme, oregano or rosemary
2 each dry red chilis
6½ oz. kalamata olives, drained
salt and pepper to taste

DIRECTIONS
1. Press garlic once to release flavor but keep whole.
2. Add garlic, thyme and chili in a saucepan with olive oil. Heat on low temperature for five minutes. Remove from heat. (Do not boil.)
3. Add olives and let cool.

TIPS

◎ 預先烹調：若橄欖太鹹，請先以冷開水浸泡數小時，其間需要換水，最後瀝乾橄欖的水分，備用。此道料理可於一個月前做好，以便隨時享用，但是，存放時請務必讓油覆蓋過橄欖。
◎ 烹調變化：使用其他品種橄欖，用不同的香料來取代，均可。
⊙ To make ahead: Make up to one month ahead. Make sure olives are completely covered with oil.
⊙ Variations: Use different varieties of olives. Use different herbs as you like.

蜂蜜海鹽烤杏仁 *Honey Sea Salt Almonds*

份量　2 杯量

材料　2 杯（或 10 oz. / 300g）生杏仁
1 大匙（或 0.5oz. / 17g）蜂蜜
1/4 小匙紅椒粉
1 小匙海鹽
2 小匙水

做法　*1.* 烤箱預熱至 165℃（325℉）。烤盤上鋪放
鋁箔紙或烤箱專用紙，輕輕刷上薄薄的一層
油。
2. 將所有材料綜合拌勻，均勻地鋪於烤盤內，
烤 10~15 分鐘，直至聞到香味即可。待涼後
即可食用。剛烤完的杏仁會有點濕潤，放涼
後會自然收乾。

TIPS　◎ 預先烹調：烤好放涼後，以密封容器裝盛，約可存放一
星期。
◎ 烹調變化：鹽減半，再加 1/4 杯糖，做成甜口味。亦可
用炒鍋，加入 1 大匙油熱鍋，再放入所有材料，以小火炒
至香味溢出，待放涼即可食用。改用核桃或胡桃均可。

Makes 2 cups

2 cups (or 10 oz.) raw almonts
1 Tbsp. (or 1/2 oz.) honey or to taste
1/4 tsp. cayenne powder
1 tsp. sea salt or to taste
2 tsp. water

DIRECTIONS

1. Preheat oven to 325℉. Line a baking pan with foil or baking sheet. Lightly brush with a thin layer of oil or use non-stick spray.
2. Combined all ingredients together and mix well. Spread the nuts on the baking sheet evenly. Bake for 10-15 minutes or until nuts are glazed or lightly browned.

⊙ To make ahead: It can be made and cooled, then stored in a sealed container for a week.
⊙ Variations: Use half of the salt; add 1/4 cup of sugar to make it sweet. You can also use the wok: Heat up the wok. Add a tablespoon of oil, and then add all ingredients. Stir well. Cook over low heat until fragrance is released. Let it cool. Use walnuts or pecans.

醋醃烤蒜頭紅甜椒 *Marinated Roasted Bell Peppers and Garlic*

份量 10 人份

材料 6 大個紅甜椒，去籽
1 個蒜頭（整個）
適量的鹽和新鮮黑胡椒粉
1/2 小匙辣甜椒粉
1 杯橄欖油
2 大匙雪利酒醋

做法 1. 烤箱預熱至 246℃（475℉）或使用上層灼烤。
2. 自蒜頭靠近根部處橫切，使蒜瓣露出來，於開口處淋上些許橄欖油，再以鋁箔紙包覆。
3. 將所有甜椒和 2 置於烤盤內，約烤 20～30 分鐘，直至外皮呈焦狀和起泡。
4. 待 3 冷卻後，將甜椒去皮、去籽、切薄條片備用。擠出蒜瓣。
5. 將 4 的甜椒、蒜頭，與辣甜椒粉、黑胡椒粉、橄欖油、醋混合。且確保甜椒被油完全覆蓋，冷藏至少 2 個小時才上菜。食用時搭配切片的歐式麵包。

Makes 10 servings

6 large sweet bell peppers (about 2 1/4 lb.), seeded
1 whole garlic head
salt and freshly ground black pepper
1/2 tsp. hot paprika
1 cup virgin olive oil
2 Tbsp. sherry vinegar

DIRECTIONS

1. Preheat oven to 475℉ or use broiler on high.
2. Cut off the root part of the garlic head. Make sure every clove of garlic has been opened. Skin should still be on. Pour small amount of olive oil into the cut side. Cover whole garlic head with foil.
3. Place whole bell pepper on baking sheet with covered garlic. Roast for 20-30 minutes until the skins are scorched and blistered.
4. Let cool, then peel off the skin and take out the seeds. Squish out the garlic from its skin. Cut into thin slices.
5. Mix bell pepper, garlic, paprika, black pepper, olive oil and vinegar. Make sure the peppers are well coated in the marinade. Refrigerate for at least 2 hours before serving.

TIPS

◎ 預先烹調：可於一星期前醃製好，放入冰箱冷藏保存。
◎ 烹調變化：使用義大利巴薩米可醋（Balsamic）或紅酒醋代替雪利酒醋；甜椒亦可使用黃色或橘色，但不建議用青椒，以免經過烘烤後，顏色不漂亮。
⊙ To make ahead: Make one week ahead，Store in refrigerator.
⊙ Variations: Use balsamic vinegar or red wine vinegar to replace sherry vinegar. Use red, yellow, orange, etc. colors of bell pepper in place of green.

小木偶鷹嘴豆 *Pinocchio Chickpeas*

份量　3 杯量

材料　3 杯煮熟的鷹嘴豆（1 瓶 439g 罐頭約 1 杯）1
　　　1/4 杯橄欖油　1/2
　　　4 個紅蔥頭（約 1/3 杯），切碎　1.5
　　　7 隻鯷魚，瀝乾，切碎（或鯷魚膏約 1 大匙）2
　　　4 個大蒜，切碎　1.5
　　　1/2 杯松子　1/2
　　　1/4 杯雞湯（或清水）　1/2
　　　4 支青蔥，切碎　1
　　　1/2 小匙粗海鹽　1/2

做法　1. 若使用生的乾鷹嘴豆（1 杯生豆煮熟後約 2 杯多的量），則以水浸泡至隔夜，再瀝除水分，加入 1 小匙的鹽和冷水，待煮沸後，轉中火續煮 1 個小時，直至變軟，備用。
　　　2. 以橄欖油將紅蔥頭炒至焦糖化，加入鯷魚、大蒜續煮，直至溢出香味。
　　　3. 續入松子，直到松子稍微轉色，再入瀝掉水分的 1 和雞湯，拌炒到雞湯收乾。
　　　4. 離火後，撒青蔥，以粗海鹽和黑胡椒粉調味，拌勻即可上菜。

Makes 3 cups

3 cups cooked chickpeas (garbanzo beans), (1 can 439g is about 1 cup cooked beans)
1/4 cup olive oil
4 shallots, finely chopped
7 anchovies, drained, chopped (1 Tbsp. if using paste)
4 cloves garlic, minced
1/2 cup pine nuts
1/4 cup chicken stock (or water)
4 green onions, finely chopped
1/2 tsp. coarse sea salt

DIRECTIONS

1. If you use raw chickpeas, soak in water overnight 10-24 hours than drain. Add cold water and 1 tsp. of salt to cover, bring to a boil and cook over a medium heat for about 1 hour until tender.
2. Heat the olive oil in a saucepan. Cook shallots until caramelized, add anchovies and garlic. Cook until fragrant.
3. Add pinenuts and continue to cook until the color turns slightly. Add chickpeas and chicken stock. Stir and heat through until chicken stock has almost evaporated.
4. Remove from stove. Add green onion and coarse sea salt. Mix well and serve.

TIPS

◎ 預先烹調：可提前兩天做好鷹嘴豆，但先不放青蔥和粗海鹽。待重新加熱後再加入蔥和粗海鹽。
◎ 烹調變化：依各人喜好添加洋蔥和歐芹。或半個檸檬的汁。或紅辣椒粉。鷹嘴豆又叫雪蓮子或埃及豆，可用蓮子來取代，在口感上最為相似。
⊙ To make ahead: Cook it two days ahead but don't yet add the green onion and sea salt. Add green onion and sea salt after heating up the chickpeas.
⊙ Variations: Use onion and parsley. Add juice from half of lemon. Add pinch of cayenne pepper to give it a kick.

煟烤珍珠洋蔥 *Brown-Glazed Pearl Onions*

份量	10 人份	Makes 10 servings

材料　2 lb./907g 珍珠洋蔥，去皮
　　　2 大匙奶油（或橄欖油）
　　　1 杯雞湯（或清水）
　　　適量的鹽和胡椒粉
　　　1 小匙歐芹，切末

做法　1. 洋蔥去皮後，在一端切十字刀口較易煮熟，
　　　備用。
　　　2. 選用足以容納所有洋蔥的鍋子。加入奶油，
　　　倒入清水或雞湯，份量約覆蓋至洋蔥的一半。
　　　3. 將 3 加蓋後，輕輕煟，直至洋蔥容易以叉
　　　子插入，且液體蒸發、鍋底呈焦糖色。
　　　4. 續入足夠的水來溶解焦糖，以最小火慢煮，
　　　待洋蔥表層焦糖化呈淡褐色，即可起鍋。

2 lb. pearl onions, peeled

2 Tbsp. butter (or olive oil)

1 cup chicken stock (or water)

salt and pepper to taste

1 tsp. parsley for garnish, finely chopped

DIRECTIONS

1. Cut off the root end of each pearl onion and make an "x" with your knife in its place.

2. Put the peeled onions in a pan just large enough to hold them in one layer. Add a pat of butter and pour in water or broth to come halfway up their sides.

3. Cover with a lid. Simmer gently until the onions are easily penetrated with a knife and the liquid has evaporated and forms a brown glaze on the bottom of the pan.

4. Add just enough water to dissolve the glaze. Simmer gently until the liquid cooks down to a glaze and coats the onions.

TIPS　◎ 預先烹調：可提前一天做好。
　　　◎ 烹調變化：加入培根或臘肉烹煮，最後撒上切碎的蝦夷蔥。

⊙ To make ahead: Make one day ahead.
⊙ Variations: Add bacon. (Cook bacon first.) Garnish with chives.

西班牙海鮮飯 *Paella Valencia*

份量	10 人份	10 Servings

材料　10 杯已調味的雞湯（大約）

2 小匙番紅花

1/2 杯橄欖油

0.5 lb./227g 蝦（小型或中型皆可），去殼

0.5 lb./227g 大蝦

1 隻雞（或 4 隻雞大腿），切大塊

適量的海鹽和黑胡椒粉

1 杯麵粉

0.5 lb./227g Chorizo 香腸 *5，切 0.25 吋厚

0.5 lb./227g Andouille 香腸 *6，切 0.25 吋厚

1 個大洋蔥，切丁

4 個大蒜，切碎

4 支青蔥，切段

1 大匙紅甜椒粉

0.5 lb./227g 紅甜椒，去皮、去籽，切丁

2 個番茄，去籽，切丁

1 lb./454g 短粒西班牙米，沖洗過

4 大匙歐芹

2 片月桂葉

1 支百里香

1 杯白葡萄酒

1 大匙檸檬汁

0.25 lb./113g 磅新鮮青豌豆（冷凍亦可，但須先解凍）

20 個新鮮蛤蜊

20 個淡菜蚌 *7，去筋，仔細刷洗乾淨

2 個檸檬和柑橘裝飾用

1 支歐芹，切碎（裝飾用）

做法　1. 將雞湯加熱，放入番紅花，讓雞湯保持溫熱。

2. 在海鮮飯鍋中加熱橄欖油炒蝦，直至呈粉紅色，取出備用。

3. 將雞腿塊擦乾，撒上鹽和胡椒粉後，再沾

10 cups chicken stock (flavored)

2 tsp. saffron

1/2 cup olive oil

1/2 lb. shrimp (small or medium), peeled

1/2 lb. jumbo shrimp in their shells

1 chicken or 4 chicken thighs (bone in)

sea salt and black pepper to taste

1 cup flour

1/2 lb. (or less) chorizo sausage, cut 1/4" thick

1/2 lb. (or less) Andouille sausage, cut 1/4" thick

1 large onion, diced

4 cloves garlic, minced

4 scallions (green onion), chopped

1 Tbsp. paprika

1/2 lb. red bell peppers, skinned, seeded and diced

2 tomatoes, diced

1 lb. short grain Spanish rice, rinsed

4 Tbsp. parsley, chopped

2 bay leaves, whole

1 sprig thyme

1 cup dry white wine

1 Tbsp. lemon juice

1/4 lb. fresh green peas

20 small clams

20 small mussels, scrubbed

2 each lemon and orange wedges for garnish

1 sprig parsley for garnish

DIRECTIONS

1. Bring chicken stock to a simmer. Add saffron. Keep hot.

2. Heat olive oil in a paella pan. Add shrimp and sauté until they turn pink. Remove shrimp and reserve.

3. Dry chicken pieces, sprinkle with seasoned (salt and pepper) flour. Shake off extra flour and sauté in paella pan until seared golden brown. Set aside.

4. Add sliced chorizo and Andouille sausage sear, and then set aside.

麵粉，抖掉多餘麵粉後入鍋，煎至呈金黃色，取出備用。

4. 將兩種香腸炒香後，取出備用。

5. 起鍋，將洋蔥炒至軟化後，加入蒜末、紅甜椒粉、青蔥和紅甜椒續炒，約 1 分鐘。

6. 加入米、歐芹末、捏碎的月桂葉和百里香，攪拌至每顆米粒都沾滿油，呈透明狀（若必要時可添加一些額外的油），再加入蕃茄後，倒入 1 杯白葡萄酒。

7. 開始時，先加 3~4 杯番紅花雞湯，視整鍋米粒吸水程度，讓米粒保持濕潤但不需泡在整鍋湯汁中，必須一杯一杯慢慢加入番紅花雞湯，直至米粒煮熟時水份剛好。（每次所需湯汁依火候而不同。）

8. 加入檸檬汁和適量的鹽調味，轉小火，邊煮邊攪拌，約 15~20 分鐘，且只在必要時加湯汁。

9. 續入預先處理的雞、蝦、蛤蜊、淡菜蚌、豌豆等材料後，以用鋁箔緊蓋蒸 5 分鐘。

10. 離火後，保持覆蓋至少 10 分鐘才上桌，讓米粒膨脹、分開。

11. 鍋中應保持濕潤和多汁，蚌殼應已經打開，汁液滲入海鮮飯，若鍋底有鍋粑可增加不同口感。

12. 取下鋁箔蓋，拌入香腸，以檸檬片和歐芹裝飾，即可上桌。

5. Add diced onions and sauté until they begin to soften. Than add minced garlic, paprika and diced red bell peppers. Sauté until fragrant, about 1 minute.

6. Add rice, chopped parsley, crumbled bay leaves, and thyme. Stir until each grain is coated with oil and begins to turn transparent（Add a little extra oil if necessary.）Than add tomatoes and pour in 1 cup of dry white wine.

7. Gradually add saffron-infused chicken stock, about 3-4 cups at first. (Rice should be moist, but not soaking in a whole pot of liquid. Slowly pour cup by cup of saffron-infused chicken stock as needed. (It will require a different amount of stock each time you make it.)

8. Add lemon juice, and salt to taste to over rice and vegetable mixture. Cook over low, gentle, even flame 15-20 minutes, stirring and adding liquid only if necessary.

9. Add the chicken pieces and previously cooked shrimp and decorate with clams, mussels, and peas. Cover tightly with foil and steam for 5 more minutes.

10. Remove from heat and keep covered for at least 10 more minutes before serving. (This gives the rice the opportunity to finish swelling and the grains will separate.)

11. The dish should stay moist and succulent. The clams and mussels will have opened in the steam, their juices oozing into the paella. A crust may have formed at the bottom. This is sometimes served with the moist top layer for texture contrast.

12. Remove the foil cover, mix in sausages, and decorate with lemon wedges and parsley sprigs.

❀.5 Chorizo 香腸：為西班牙式的豬肉香腸，其主要醃製香料是煙燻過的紅甜椒粉，還有添加醋，製成 Tapas 小菜非常受歡迎。若使用一般香腸，則在海鮮飯裡多加一些煙燻紅甜椒粉。

❀.6 Andouille 香腸：源自法國，製作過程加入許多香草料粉，且特別煙燻過。

❀.7 淡菜蚌：蚌類，蚌殼呈黑色。選購時，以新鮮為佳。挑選方法是：敲蚌殼時，若聲音有點空洞，表示死亡，務必丟棄。蚌殼接縫處外圍會有一條多出來的草筋狀連接物，要拔起來，仔細將蚌殼刷乾淨，非常重要。

TIPS

◎ 預先烹調：蚌殼類先煮熟，最後再拌入。

◎ 烹調變化：另外加入豆類或其他海鮮一起煮。整鍋加蓋以預熱至 350℉的烤箱烤 15~20 分鐘，但這樣比較不會產生香Q的鍋粑。

⊙ To make ahead: Cook clams and mussels first, then add to the cooked rice at the end.

⊙ Variations: Add beans or other seafood. Cook paella in preheated 350F oven for 15-20 minutes. (There is less likelihood of a crust forming on the bottom if you bake it in the oven.)

加泰隆尼亞式焦糖布丁 *Crema Catalana*

份量	8 人份	Makes 8 servings

材料
- 2 杯鮮奶油
- 2 杯牛奶
- 6 大匙玉米澱粉
- 1 支香草豆，剝開、刮出籽
- 1 個份的檸檬皮
- 1 個份的橙橘皮
- 2 支肉桂棒
- 1/2 杯糖
- 8 個大蛋黃
- 1/2 杯生糖或一般糖

2 cups heavy cream

2 cups milk

6 Tbsp. corn starch

1 vanilla bean, (split and scrape the seed)

1 lemon, zest only

1 orange, zest only

2 cinnamon sticks

1/2 cup sugar

8 large egg yolks

1/2 cup raw sugar or sugar

做法

1. 以半杯冷牛奶溶解玉米澱粉，混合均勻，靜置備用。

2. 將其餘牛奶、鮮奶油、香草、肉桂棒、橙皮和檸檬皮，以慢火煮沸。離火，靜置冷卻。

3. 以細篩網過濾香草莢、肉桂棒、橙皮和檸檬皮。

4. 將蛋黃和半杯糖攪拌均勻，直至顏色變淡，成為厚厚的混合物，再加入 1 攪拌均勻。

5. 混合牛奶與雞蛋和糖，以小火煮，且攪拌至奶油變濃稠即可離火，不宜煮沸。

6. 分別倒入 8 個 7~8 oz. 的杯中，待冷卻，或冷藏 24 小時或隔夜。

7. 每個杯子上撒上生糖，立刻以火燒或置於烤箱上層烤至焦糖化，待焦糖變硬即可上桌。

DIRECTIONS

1. Dissolve corn starch in 1/2 cup cold milk, mixing well. Set aside.

2. Bring the remaining milk, cream, vanilla, cinnamon sticks, orange peel and lemon peel to boil over low heat. Remove from heat and let it cool slightly.

3. Strain the milk and cream mixture to remove the vanilla bean, orange zest and cinnamon stick.

4. Mix 1/2 cup sugar with egg yolks in another bowl and stir until mixture becomes thick and creamy. Add corn starch and milk mixture (from step 1) and mix well.

5. In a saucepan over a low flame, combine egg mixture from step 4 mixture with milk mixture from step 3 and stir consistently until the cream thickens. Do not let it boil.

6. Divide the liquid into 8 ramekins (7-8 oz. each) and let it cool or in refrigerator.

7. Sprinkle each cup with raw sugar and immediately burn with gas torch or place under oven broiler until caramelized. Wait one minute to harden and serve.

TIPS

◎預先烹調：於表面未燒焦糖前，最長冷藏三天。

◎烹調變化：見「脆皮焦糖布丁」（請參考 129 頁），亦可單獨只用檸檬或橙橘。

⊙ To make ahead: Crema Catalana can be refrigerated for up to 3 days before caramelizing the top.

⊙ Variations: See Crème Brûlée.

派對籌備工作倒數 Check List

✦ 倒數 **48** 小時

購買所有食材。將新鮮鷹嘴豆泡水。烤蜂蜜海鹽杏仁，冷卻後放入密閉罐保存。橄欖泡清水去鹽。

....

✦ 倒數 **36~24** 小時

做好烤甜椒和香料醃橄欖，放置冰箱入味。將鷹嘴豆煮熟。做好加泰隆尼亞式焦糖布丁，置冰箱冷藏。

....

✦ 倒數 **8~12** 小時

小瓦盤開始泡水預防龜裂及滲油。做番茄冷湯放入冰箱冷藏。煨烤珍珠洋蔥，完成小木偶鷹嘴豆。

....

✦ 倒數 **4~2** 小時

確定已將氣泡酒及白酒放入冰箱（或更早），擺設桌餐巾、刀具，備好酒器、水杯及酒杯，準備飲品及用餐專用飲水。

....

✦ 倒數 **2~1** 小時

備好開胃菜，海鮮飯材料也備齊置冰箱。

....

✦ 倒數 **40~30** 分鐘

開始煮海鮮飯，同時預熱用餐碟盤。

....

✦ 倒數 **20** 分鐘

將雪莉酒及白酒從冰箱中取出，紅酒放進冰箱冰鎮。

....

✦ 客人抵達

將紅酒從冰箱中取出，氣泡酒及白酒放冰水浴，倒上飲品，例如冰開水、果汁或氣泡酒。

....

{ POTLUCK

第 3 宴

餐 桌 無 國 界
Potluck 同 樂 派 對

相對於前一刻的寧靜，眼前已是天壤之別。每個人帶來的菜肴都需要再加熱或收尾調理，平日顯得太多的六個爐口，此時此刻卻恨不得多擠出兩個。有如餐會前一個小時已經開始暖身的烤箱，高潮迭起的問候、極速上升的室溫，等著上桌的賓客，全部圍聚在不算小的廚房，這是一場100%熱情保證的「Potluck」。

所謂Potluck，意指每個人自帶家常菜肴，一起分享美味的餐會。然而，回想有次臨時受邀到美國朋友家中參加Potluck餐會，飢餓的我走進廚房，卻見滿桌幾乎都是甜點，完全不知如何下手。印象更深刻的另一場餐宴是，十七盤菜之中，只有兩道菜算得上是肉類，其餘全是澱粉類，於是十七個人搶食兩盤份量不多的肉食，實在顯得拮据極了。

朋友還經歷過另一場更妙的Potluck，因為參加者都不愛做菜，酒又最方便攜帶，結果將近一半的客人都只帶著酒來——菜色明顯不足之下，大家也只能聊以喝酒來填充肚子了。

其實中國人非常好客、重分享，上類狀況很少發生。反而是準備過多的情形比較常見。說到底是主辦人如果沒有事先做好規劃，一不小心就會讓Potluck變成一場食物與飲品分配不均的災難了。

表面看來，Potluck是集合大家的力量，很容易便能舉辦的快速餐宴，主人好像只要提供一個乾淨的場地，準備好杯盤，此外別無壓力；但這樣

的聚會出錯機率其實很高，必須仰賴適當的菜色管理。照說這麼一個展現廚藝的好機會，大家應該都想帶來自己的拿手菜，但有些非常忙碌的人，經常趕場社交，他們既想參加這類型餐會卻又沒時間做菜；又如朋友A說的：「我帶來一大盤菜，結果會後剩下很多，我的菜好像不受歡迎！」這情形可能並非菜色本身缺乏人氣，反而是因為份量沒拿捏好，準備得不夠或過多，結果同樣令人挫折。究竟，面對這些狀況該如何是好呢？

有一群愛健身的好朋友們，說好由我來示範一場健康的 Potluck，而且大家提前進健身房燃燒熱量，再到廚房料理好菜。Tom 是眼科醫生，年過六十，身材高大、形象健康。平日除了在健身房常見到他的身影，無論大小餐聚，他也幾乎從不缺席，見到誰都能聊上幾句。他更開玩笑地說：自己終身未娶，也不敢娶，因為不想讓眾女友們失望——為什麼新娘不是我？他強調，頻繁的社交活動是很重要的，甚至關係到健康，而社交活動也是他保持年輕與健康的重要祕訣。然而這卻被很多人忽略。

餐會中大家都關心怎樣才能開心享受美食？例如，高卡路里的食物偏偏最誘人，但「吃了傷身，不吃卻會傷心」。所以要找個好理由來放縱享樂，相信沒有比呼朋引伴聚餐更恰當的了。這就像找眾人一起犯罪，讓罪惡感稍微分散些。於是在這樣的場合裡，我們暫時放縱腰圍、擁抱膽固醇。

眾人討論後紛紛稱是，咸信如果我們得花費一半的生命講究健康料理，那麼偶爾面對令人咋舌的美食時，就暫時拋下顧忌吧！這樣一來即使哪天提早蒙主寵召，應該也不會有遺憾了。

身形圓潤、充滿活力的 Molly 說：「我就是因為愛吃才上健身房啊！沒想到連運動也上癮了，現在一天不動就渾身不對勁囉。」Charles 是健身教練，雙眼永遠炯炯有神，他回答 Molly：「妳是腦內嗎啡（Beta-Endorphin）上癮啦！一般人只要能持續運動三星期，就可以讓運動變成一種習慣，甚至讓運動變成一件快樂的事，就怕很多人開始運動時，肌肉一痠痛就喊停。從此也一曝十寒，不了了之。其實肌肉一旦適應痠痛，最終會轉為舒暢，而如果持續每兩天運動一次，大約兩星期就可以熬過肌肉的不適期了。」

然而，許多人做事十年如一日從來不求變化，直到整個世界變了，公司逼迫裁員，才開始學習新技能；或

是到了市場買菜，卻永遠買一樣的東西、煮一樣的菜，怠惰的慣性讓腦袋對做菜這件事缺乏思考，久而久之，腦細胞減緩運動，不思不想的結果，只能讓自己提早退化，加速邁入老年了。畫家梵谷（Vincent Willem Van Gogh, 1853~1890）作畫時，為了加強可塑性，經常以特定顏色作畫；而有些必須學習各類運動的體育老師，為了打破太多球類都用右手的慣性，往往特意學習用左手打球。當我們每天食用同樣的菜色、累積同樣的毒素，自然相對缺乏其他部分的營養；或者每次都做一樣的運動，永遠只訓練到固定的肌群，一樣會讓身體上其他部分運動不足，缺乏均衡。就像體育老師特意以左手打球、梵谷故意用特定的顏色作畫，有時讓自己學習與挑戰一下新的食譜，絕對是有益身心的。因為唯有不斷地嘗試新事物或技能，讓生活稍有改變，人才能常保健康。

生長激素是掌控身體是否年輕衰老的主要賀爾蒙，年紀越大、生長激素分泌得越少；然而，當我們做三件事時，它們卻會多分泌些：熟睡、歡笑以及適度的運動。

這裡提供一個常保年輕的祕訣：參加完一場開心的餐宴後，回家睡個好覺！心動嗎？何不拿起電話，籌辦一場歡宴，試試我的菜單，甚至挑戰新菜色，讓快樂細胞永遠活躍。

慶生與忙碌的廚房

如果你是 Potluck 主人……

● 確定參加人數，以及是否有人對食物過敏。（某些體質過敏的厲害程度足以危害生命，造成窒息。）

● 餐宴主人可以打電話、發電子郵件，或使用「Evite」聯絡賓客。Evite.Com 是個免費的宴會管理邀請網站，你可以列出希望賓客攜帶的菜色與數量，方便讓他們自行選擇，已經被挑選的品項會從清單消失；同時為你管理賓客人數，且設有自動提醒的郵件功能，萬一有人不方便上網，僅以口頭回覆是否參加，餐宴主人還可以修改出席人數。建議上網登錄時，先邀請自己，待邀請信設定好之後，再邀請其他人，避免送出後多次修改。

● 準備一道全素的菜。

● 別忘了提醒來客攜帶飲料，或指定專人負責飲品。

● 水杯及酒杯最好有可以標示的配件或寫上名字，以利辨認，例如姓名貼紙或不同種類的小掛飾。

● 因為熱湯不便攜帶，所以適合由餐宴主人準備。

● 最好指定開始時間和結束時間，人們比較容易準時到達，且食物不會放置過久。若能列出進行的時間更好，例如：7:00 雞尾酒和開胃菜、7:30 開始晚餐、9:30 宴會結束。

● 雞、鴨、魚、肉、青菜、水果、湯品和甜點，請來客一人認養一類，免除菜色重複的困窘，更能避免甜點、澱粉、肉類一面倒的景況。

建議菜單

〔小菜及零嘴〕各式堅果、乳酪、橄欖、冷切肉、滷菜、脆片和沾醬。

〔主菜〕牛、雞、豬、羊、海鮮，以及其他種類的蛋白質。

〔澱粉〕米飯、馬鈴薯、地瓜、麵包或義大利麵。

〔青菜〕葉菜類、生菜沙拉、烤蔬菜、豆類沙拉、水果沙拉、冷湯。

〔甜品〕蛋糕、餅乾、布丁、冰淇淋、水果切盤。

〔飲料〕紅酒、白酒、果汁、汽水、礦泉水，以及其他酒類。

〔用具〕公筷母匙、紙碟、杯具、餐具、餐巾、摺疊椅。

※ 請提供菜單給賓客認養，以確保菜色全面而多元。

10 人以內，只需列出種類名稱供選擇，例如：兩盤主菜（請賓客註明何種肉類）、兩盤青菜、兩盤甜點、一盤澱粉，15 人以上建議列出菜色，以供圈選。若你有 40 組賓客、五類食物，則請每八組人分配一類食物，以此類推。

其他建議事項

● 賓客可依個人能力，選擇他們想帶的。如果你有太多同種類的菜，請別不好意思要求親近朋友或家人改變菜色。如果賓客無法決定帶什麼，至少要求他們設定一個類別，以便規劃。

● 自製最好。若有不擅長做菜的賓客，則建議購買外食，或準備不須烹調的項目，例如，飲料及用具。

● 每道菜肴以小卡片註明菜名和提供者，且標示所用成分，方便有特別食物要求的人做選擇，例如，不吃牛肉或素食者；而且吃到喜歡的菜，才知道要找誰讚美，更讓準備菜肴的人不敢馬虎。

● 讓熱食保溫 57℃（135℉）以上、冷食保冷 5℃（41℉）以下，減少食物變質的風險。餐宴主人可準備幾個裝滿冰塊的大碗，讓賓客帶來的沙拉冷盤放在上面，尤其是含有蛋黃醬的沙拉；至於插電的慢燉鍋（如大同電鍋）放熱食，是個好主意，既保持食品美味又安全。

● 每道菜提供兩組公筷母匙，好讓賓客人減少排隊等候的時間。

如果你是 Potluck 客人……

● 準備可以事先做好再加熱的菜肴或冷盤，以方便攜帶運送，為自己的菜肴備好公筷母匙。

● 若遇餐宴主人沒有做任何規劃的 Potluck 時，建議準備一道同時包含海鮮或肉類、青菜和澱粉的菜肴。

● 份量足夠一人飽餐一頓即可。Potluck 的用意是大家各自帶便當，然後聚在一起，彼此分享。若兩個人參加就準備兩份。千萬別打算以一道菜去餵飽整群人。

● 視參加人數而定，盡量做成可以讓大家都分享到一部分為宜，例如，將肉切成方便取食的小塊狀。

義大利香腸菠菜湯

辦桌檔案

[主題]　兼顧美味與健康的 Potluck
[主廚]　Miggi Demeyer
[地點]　美國加州舊金山灣區 Angelina and Jeff Rhodes 的家
[菜單]　義大利馬鈴薯蛋糕、西班牙式海鮮蒸麥沙拉、胡蘿蔔冷湯、華道夫蘋果
　　　　沙拉、北歐式醃鮭魚、烤雞與青豆、義大利香腸菠菜豆湯、時菜沙拉、
　　　　水果奶酪、鷹嘴豆泥沾醬。
[攝影]　Michael Demeyer

菜單設計

　　鷹嘴豆和芝麻的營養元素能互補，成為較完整的蛋白
質，既是全素而且高纖，鷹嘴豆沾醬搭配番茄、西洋芹、小
黃瓜，裝入全麥做成的袋餅裡。西班牙式海鮮蒸麥沙拉是肉
類、海鮮、澱粉、青菜全到齊的最佳代表，完美的色香味。
醃鮭魚可以在一星期前就準備好，放入冰箱備用，隨時等著
輕鬆上菜。華道夫沙拉和鷹嘴豆泥都是 5 分鐘就可完成的料
理；奶酪前一天晚上做好後，冷藏備用。這個味道很棒的義
大利馬鈴薯鹹蛋糕是用來製造話題的，故意來點框框以外的
變化。若沒空做菜的人，建議買隻烤雞，以一整包的豌豆盤
飾，遠比速食店的炸雞健康許多。再不然就是帶水果到現場
切盤，也是兼顧健康美味的選擇。

酒類搭配

Potluck 出現的食物種類繁多，且無法預知口味，建議大家除了常見的紅酒外，還可以選擇對大部食物都很友善的氣泡酒（Sparkling Wine）或粉紅酒（Rose）吧！例如，義大利的普賽寇（Prosecco）、西班牙的卡瓦、法國的香檳都是氣泡酒。另外，酒精度較低的紅酒或白酒也是推薦選項，最好盡量在 12.5％或 13％以下，例如以紅酒來說，黑皮諾就符合這個條件。因大眾偏向口感較柔順的葡萄，單寧不宜過高，以常見的品種來說，梅洛比卡本內‧蘇維濃單寧低，是較佳的選擇。紅酒需選果漿及香味厚實的、白酒則要沒有經過橡木桶陳年，方能與每一道菜平和相處。

任何酒類都有增加血液循環、降低膽固醇的作用，尤以紅酒的作用更強，因其中含有葡萄皮的特殊成分，無論如何，飲酒以適量為宜。

義大利馬鈴薯蛋糕 *Italian Potato Cake*

份量	12 人份

材料
5 大匙奶油，另備塗鍋子內層的量
5 大匙麵包屑
3 lb./1360g 馬鈴薯，去皮，切成 1 吋大
1/2 杯鮮奶油
1 小匙鹽
1/4 小匙胡椒粉
3 個大型雞蛋
6 oz./170g 梵堤那乳酪＊1，切薄片
4 oz./113g 義式臘腸＊2，切 0.5 吋片
1/3 杯帕瑪森乳酪（或羅馬諾乾酪），磨粉

做法
1. 調整烤箱內隔架至中間位置，預熱至 177℃（350℉）。
2. 將 9 吋乳酪蛋糕模型（能輕易將底層取出分離）內塗滿奶油，邊撒 1/4 杯麵包屑，邊搖轉模型至均勻分布。
3. 在鍋內放入足夠的冷水，以能覆蓋馬鈴薯 1 吋為宜，煮沸後，關小火，續煮約 15 分鐘，至馬鈴薯變軟。
4. 將 3 撈起，濾除多餘水分後，放回鍋中，加入 4 大匙奶油一起輾碎成泥，拌入鮮奶油、鹽和胡椒。
5. 將 4 靜置 5 分鐘後，拌入雞蛋，一次一個，直到攪拌均勻。
6. 取出一半的 5 放入模型鍋，壓平後，先鋪上乳酪，再均勻蓋上臘腸片，最後再放入其餘 5。
7. 將剩餘的 1 大匙奶油融化後，混合其餘麵包屑和帕瑪森乳酪粉，均勻撒在 6 的表面上。
8. 將 7 放入烤箱，約烤 35～45 分鐘，直至表層呈金黃色即可。
9. 以小刀順著模型內層分離蛋糕與模型，待 10 分鐘後脫模。趁熱時食用。（但涼後較容易切。）

Makes 12 servings

5 Tbsp. unsalted butter, plus extra for greasing pan
5 Tbsp. bread crumbs
3 lb. russet potato, peeled and cut into 1-inch pieces
1/2 cup heavy whipping cream
1 tsp. salt
1/4 tsp. pepper
3 large eggs
6 oz. Italian Fontina cheese, sliced thin
4 oz. salami slices, cut into 1/2-inch pieces
1/3 cup Parmesan or Romano cheese, grated

DIRECTIONS

1. Adjust oven rack to middle position and preheat oven to 350°F degrees.
2. Butter 9-inch spring form pan and sprinkle with 4 Tbsp. breadcrumbs, shaking pan to distribute crumbs evenly.
3. Place potatoes in large pot and add enough cold water to cover by 1 inch. Bring potatoes to boil over high heat, then lower heat to maintain gentle simmer. Cook until potatoes are tender, about 15 minutes.
4. Drain potatoes, discard water in the pot, return potatoes to pot, and mash with 4 tbsp. butter until smooth. Stir in cream, salt and pepper.
5. Cool 5 minutes. Stir in eggs, one at a time.
6. Spoon half of potato mixture into prepared pan. Place slices of Fontina cheese over potatoes to cover surface and top cheese with salami pieces. Cover with remaining potatoes.
7. Melt remaining 1 Tbsp. butter and mix with remaining 1 Tbsp. bread crumbs and Parmesan cheese in small bowl. Sprinkle cheese mixture over top of casserole.
8. Bake until casserole is puffed and top is golden brown, 35-45 minutes.
9. Run paring knife around casserole to loosen. Cool for 10 minutes before unmolding. Serve hot. (Cake is easier to cut when cool, and can be reheated to serve.)

◎ 預先烹調：前一天做好冷藏，食用前半小時，以鋁箔紙包覆，放入預熱至177℃ (350℉) 的烤箱，約加熱20分鐘。
◎ 烹調變化：將馬鈴薯泥分成三等份，多放一層梵堤那乳酪和臘腸片。
⊙ To make ahead: Make one day ahead. Cover with foil and warm up in 350℉ oven for 20 minutes.
⊙ Variations: Divide potato mixture into 3 portions. Add one more layer of cheese and salami.

●-1 梵堤那乳酪（Fontina）：義大利經典乳酪，屬半軟質乳酪，其外皮熟成未經再處理，而是自然乾燥所形成。其口感被形容為阿爾卑斯的青春少女，常用於義式乳酪鍋。

●-2 義式臘腸（Salami）：指風乾過的香腸，類似中式臘腸，但義式臘腸可直接食用。義大利文的 Salami，為「加鹽」之意。是由豬肉（有的使用牛肉或其他肉類）、油脂，經濃郁調味後醃製。現在世界各國皆普遍使用，不限於義大利。

西班牙式海鮮蒸麥沙拉 *Spanish Style Seafood Couscous Salad*

份量 10 人份	Makes 10 servings

材料 沙拉：
2 大匙橄欖油
0.5 lb./227g 西班牙香腸（辣豬肉香腸最好是熱固化），切成骰子狀
1/2 杯紅蔥頭，切碎
1 個大蒜，切碎
1½ 杯雞湯
1/2 杯白葡萄酒
0.75 lb./340g 蝦（中型，約 26 隻），剝殼去腸泥
0.75 lb./340g 新鮮干貝（若太大則切半）
1 大匙現榨檸檬汁
1½ 杯蒸麥 ※ 3
1/4 小匙番紅花，壓碎
1 杯豌豆（若使用冷凍品則需解凍）
1 個紅色甜椒，切丁
1/2 杯綠橄欖，切碎
1/3 杯新鮮歐芹，切碎

醬汁：
1/3 杯新鮮檸檬汁
1/3 杯橄欖油
2 個大蒜，切碎
3/4 小匙鹽
1/2 小匙黑胡椒
1/8 小匙辣椒粉

裝飾用檸檬片

做法 *1.* 先熱油，爆香紅蔥頭和香腸，約 3~4 分鐘，至香腸邊緣呈金褐色。加入大蒜，續炒 1 分鐘，將鍋內材料轉移至另一個大碗，備用。
2. 雞湯和白酒同煮至沸騰，放入蝦子，續煮

Salad
2 Tbsp. extra-virgin olive oil
1/2 lb. Spanish chorizo (spicy cured pork sausage, preferably hot), diced into 1/4" pieces
1/2 cup shallot, finely chopped
1 large garlic clove, minced
1½ cups chicken broth
1/2 cup dry white wine
3/4 lb. medium shrimp in shell (26), peeled and deveined
3/4 lb. sea scallops, tough muscle removed, if necessary halved crosswise
1 Tbsp. fresh lemon juice
1 box couscous (1½ cups, uncooked)
1/4 tsp. crumbled saffron threads
1 cup frozen peas, thawed
1 large red bell pepper, finely diced
1/2 cup coarsely chopped drained pimiento-stuffed green olives (5 oz.) 142g
1/3 cup fresh flat-leaf parsley, finely chopped

Dressing
1/3 cup fresh lemon juice
1/3 cup extra-virgin olive oil
2 large garlic cloves, chopped
3/4 tsp. salt
1/2 tsp. black pepper
1/8 tsp. ground cayenne pepper

Accompaniment
lemon wedges

DIRECTIONS
1. Make salad: Heat oil, then sauté chorizo and shallot, stirring, until chorizo is golden brown on edges, 3 to 4 minutes. Add garlic and sauté, stirring, 1 minute. Transfer mixture to a large bowl.
2. Bring broth and wine to a boil and cook shrimp until just

約 45 秒，熟透後撈起，備用。再放入干貝煮到熟透，約 2 分鐘，撈起與蝦同放。保留鍋內湯汁。蝦和干貝添加檸檬汁、鹽和胡椒粉，拌勻。

3. 保留 1½ 杯湯汁（其餘丟棄），加入番紅花，待煮沸後，續入蒸麥拌勻，緊密加蓋，靜置約 5 分鐘，再以叉子將蒸麥翻鬆，並加入香腸、豌豆、甜椒、橄欖和海鮮。

4. 製作醬汁：混合檸檬汁、油、大蒜、鹽、黑胡椒、辣椒拌勻，淋於 3，在室溫下靜置 30 分鐘，讓蒸麥飽吸醬汁。最後拌入歐芹，且依各人喜好口味調入適量鹽和胡椒。

cooked through, about 45 seconds. Remove shrimp from liquid to a small bowl. Cook scallops until just cooked through, about 2 minutes. Remove scallops from liquid and set aside with shrimp. Pour any liquid accumulated in bowl back into pan. Add lemon juice to seafood, toss to combine, and season with salt and pepper to taste.

3. Reserve 1½ cups cooking liquid in saucepan and discard remainder. Add saffron and bring liquid to a boil then add couscous, cover tightly, and let stand 5 minutes. Fluff couscous with a fork and add to chorizo. Stir in peas, bell pepper, olives, and seafood and toss to combine.

4. Make dressing: Blend lemon juice, oil, garlic, salt, black pepper, and cayenne pepper in a blender until smooth and pour over seafood salad, tossing to combine well. Let stand 30 minutes at room temperature to allow to cool before serving.

TIPS ◎ 預先烹調：提前 2 小時做好冷藏，但先不要放歐芹。待上菜前恢復至室溫，最後才拌入歐芹。
◎ 烹調變化：使用薄荷或歐芹裝飾。冷、熱食用皆可。
⊙ To make ahead: Salad can be made without parsley 2 hours ahead and chilled, covered. Bring to room temperature and stir in parsley just before serving.
⊙ Variations: Use mint or parsley for garnish. Serve cold or hot.

☀3 蒸麥（Couscous）：或稱為北非小米，為摩洛哥、阿爾及利亞、突尼西亞等地的主食，製法各有不同，但主要是用粗小麥粉（Semolina）也就是做 pasta 的杜蘭硬小麥（Durum）壓碎製成的；蒸麥目前在美國及其他國家的超級市場最常見的都是速食版的形態，也就是已經過蒸熟再乾燥過的，所以只要泡上煮開的熱湯汁燜 5 分鐘就可立即食用，或傳統使用特製雙層鍋來蒸熟，下層則燉煮蔬菜或肉類，讓蒸麥在上層直接吸取下層食物的精華。市面上還有另一種蒸麥外型像米色圓形像小珍珠的，是來自以色列（Israeli couscous），煮法就像煮義大利的乾燥通心麵（pasta）要 10 分鐘左右才會熟。

胡蘿蔔冷湯 *Cold Carrot Bisque*

份量	8 杯	Makes 8 cups

材料

0.75 oz./85g 紅蔥頭，切碎
1 個大蒜，切碎
0.5 oz./28g 生薑，切碎
2 oz./57g 洋蔥，切碎
1½ 大匙奶油
2 lb./90g 胡蘿蔔，切薄片
6 杯蔬菜湯（或高湯）
45cc 白葡萄酒（或米酒）
1/4 小匙綠荳蔻，現磨細粉
2 杯橙汁（新鮮為佳）
適量的鹽和白胡椒粉
少許鮮奶泡、蝦夷蔥（裝飾用）

3/4 oz. shallots, minced
1 clove garlic, minced
1/2 oz. ginger, minced
2 oz. onion, minced
1½ Tbsp. butter
2 lb. carrots, sliced 1/4 inch thick
6 cups vegetable stock
45cc dry vermouth
1/4 tsp. cardamom, finely ground
2 cups orange juice
salt and white pepper to taste
whipped cream, chives for garnish

DIRECTIONS

做法

1. 將紅蔥頭、大蒜、生薑、洋蔥，以奶油炒香。
2. 續入胡蘿蔔、高湯、酒、綠荳蔻和橙汁，約煮 30 分鐘，直至胡蘿蔔變軟。
3. 將 2 攪打成汁。盛於湯碗，以鮮奶泡和蝦夷蔥裝飾。食用時冷熱皆宜。

1. Sauté shallots, garlic, ginger and onion in butter.
2. Add carrots, stock, wine, cardamom and orange juice; simmer for 30 minutes or until carrots are tender.
3. Puree to a fine consistency and garnish with whipping cream and chives. Thin with carrot juice if needed.

TIPS

◎ 預先烹調：可提前一天準備好，建議最多存放三天。
◎ 烹調變化：熱湯以鮮奶泡、蝦夷蔥或歐芹裝飾；冷湯則以鮮奶油、薄荷葉裝飾。

⊙ To make ahead: Make one day ahead.
⊙ Variations: Use mint or parsley for garnish. Serve cold or hot.

華道夫蘋果沙拉 *Wauldouf Salad*

份量	4 人份	Makes 4 servings

材料	1 杯蘋果，帶皮切塊
	1 杯西洋芹，切塊
	1 杯新鮮葡萄（無籽）
	1 杯核桃（先以 163℃〔325℉〕烤 7 分鐘）
	1/4 杯美乃茲
	1/4 杯原味優格（或沙拉醬）
	8～10 片生菜葉，洗淨、瀝乾

1 cup apples, unpeeled and diced
1 cup celery, diced
1 cup grapes
1 cup walnut, (toast walnuts at 325℉ for 7 minutes)
1/4 cup mayonnaise
1/4 cup plain yogurt or 1/4 cup Ranch salad dressing
8-10 leaves butter lettuce

做法	1. 蘋果切塊後立刻加入美乃茲和優格拌勻，以防止變黑，續入芹菜、葡萄、核桃拌勻即完成。
	2. 上菜時，搭配單片生菜一起食用。

DIRECTIONS

1. Combine mayonnaise and yogurt. Add apple to dressing as soon as diced. Add celery, grapes, and nuts. Mix well.
2. Serve on a bed of lettuce.

TIPS	◎ 預先烹調：上菜前才切蘋果。其他材料可於 4 小時前準備好，置於冰箱冷藏。
	◎ 烹調變化：加葡萄乾或以此取代新鮮葡萄。用胡桃取代核桃。加蝦仁或火腿。另外，若不是使用青蘋果，則可添加少許檸檬汁。
	⊙ To make ahead: Dice the apple just before serving to prevent color change. The other Ingredients can be prepared 4 hours ahead.
	⊙ Variations: Add some lemon juice if you are not using green apple. Add raisins or replace them with grapes. Use pecans to replace walnuts. Add Shrimp or ham. Use only mayonnaise or Ranch salad dressing as dressing.

北歐式醃鮭魚 *Scandinavian Style Gravlax*

份量	8～10 人份開胃菜

Makes 8-10 servings as appetizer

材料	1 片新鮮鮭魚（帶皮） 1/2 杯粗鹽 1 杯糖 3 大匙新鮮黑胡椒粒，壓碎 1 把新鮮蒔蘿或香菜，切碎 成品配料： 1 把新鮮蒔蘿，切碎 3 大匙新鮮黑胡椒粒，壓碎 1/4 杯白蘭地酒（或伏特加、杜松子酒等）

1 fillet fresh salmon, skin on
1/2 cup coarse salt
1 cup sugar
3 Tbsp. black pepper, freshly ground and cracked
1 bunch fresh dill or cilantro, chopped

Final Coating
1 bunch fresh dill, minced
3 Tbsp. black pepper, freshly cracked
1/4 cup Brandy, Vodka, Gin or other distilled liquor

做法	1. 將鮭魚片置於平底可盛裝液體的容器內，肉面朝上撒上黑胡椒粒、新鮮蒔蘿、1/2 量的鹽及糖。翻面，使帶皮面朝上，再塗上剩餘的鹽和糖。 2. 將重物壓於 1，放入冰箱冷藏。每天去除多餘液體。待 2～3 天後，固化完畢，沖洗多餘鹽及糖，拭乾。 3. 撒上切碎的蒔蘿、黑胡椒，塗抹 1/4 杯白蘭地，再醃製約半天，即可食用。

DIRECTIONS

1. Place salmon fillets in a pan. Sprinkle with crushed black pepper and chopped fresh dill. Coat with salt and sugar. Position the fillet SKIN SIDE UP and coat with salt and sugar.
2. Place another pan on the top and weigh it down in the refrigerator. Each day remove excess liquid, if no visible sign of salt & sugar are left, coat with equal amounts of salt and sugar as needed. After 2-3 days, when curing is finished, gently rinse off excess salt and sugar, and trim if necessary.
3. Dress with final coating of chopped dill, coarse black pepper, and 1/4 cup liquor. Let soak in refrigerator for at least 12 hours.

吃法	從尾部開始切成薄片。上菜時伴佐酸豆和洋蔥絲（切片後再用水洗淨、瀝乾）。

TO SERVE

Starting from the tail, slice into thin slices. Serve with capers and onion slices (washed and drained).

TIPS	◎ 預先烹調：提前一星期做好。 ◎ 烹調變化：最後改用龍舌蘭酒、甜椒粉、香菜、和萊姆果皮屑作成拉丁式。亦額外添加辣椒粉。猶太式吃法可配上奶油乳酪跟貝果。

⊙ To make ahead: Make one week ahead.
⊙ Variations: Use tequila, paprika, cilantro, and lime zest to finish for a Latin version. Add cayenne pepper for extra spice. Serve with cream cheese on a bagel.

義大利香腸菠菜豆湯 *Italian Sausage with Spinach Bean Soup*

份量	8 人份

材料　2 lb./907g 義大利香腸（去皮）
　　　2 大匙橄欖油
　　　1 個大洋蔥，切碎
　　　1 個大胡蘿蔔，去皮，切小塊
　　　2 大匙新鮮蒜頭，切碎
　　　1 小匙乾辣椒片（依喜好增減）
　　　8 杯雞湯
　　　1 大匙乾羅勒（依喜好增減）
　　　1 大匙奧勒岡（或 2 茶匙新鮮的）
　　　3 個新鮮番茄，去皮及去籽，切塊
　　　2 罐 cannellini 豆子（白豆），瀝乾
　　　12 oz./340g 新鮮菠菜
　　　鹽和黑胡椒

做法　*1.* 用橄欖油將香腸炒到表面上色，約 6~8 分鐘，將香腸撈起，置一旁備用。
　　　2. 加入洋蔥、胡蘿蔔和乾辣椒片炒約 5~6 分鐘，在最後 1 分鐘加入蒜頭。
　　　3. 加入雞湯、羅勒、奧勒岡、番茄、豆子還有香腸，煮沸後蓋上鍋蓋，轉小火煮約 30 分鐘。
　　　4. 拌入菠菜鮮的菠菜，煮至湯再次燒開約 1~2 分鐘，用鹽和胡椒調味。

Makes 8 servings

2 lbs. Italian sausage (removed from casings)
2 Tbsp. olive oil
1 large onion, finely chopped
1 large carrot, peeled and coarsely chopped
2 Tbsp. fresh garlic, minced
1 tsp dried chili pepper flakes (to taste)
8 cups chicken broth
1 Tbsp. dried basil (or to taste)
3 fresh tomatoes, skinned, seeded and chopped
2 cans cannellini beans (or white beans), rinsed and drained
1 Tbsp. dried oregano (or 2 tsps. fresh oregano)
12 oz. fresh spinach
salt and black pepper to taste

DIRECTIONS

1. Sauté sausage in olive oil until browned, about 6-8 minutes. Remove the sausage and set aside.
2. Add in the onion, carrots and dried chili flakes, sauté for about 5-6 minutes. Add garlic in the last minute.
3. Add chicken broth, basil, Oregano, tomatoes, beans and sausages. Bring to boil, cover, and simmer for about 30 minutes.
4. Stir in the fresh spinach, cook until the soup boils again, about 1-2 minutes. Season with salt and pepper.

TIPS　◎ 預先烹調：可提前一天做好，但是先不要放菠菜，上菜前把整鍋湯加熱後再放菠菜，最長可冷藏保存一星期。
　　　◎ 烹調變化：可使用自己喜愛的香腸及高湯口味，建議使用辣，味道較好，可用大蒜取代洋蔥，大紅豆或鷹嘴豆取代 cannellini 白豆。

⊙ To make ahead: Cook one day ahead but omit the spinach. Add spinach after heating the soup just before serving. Keep in refrigerator for up to a week.
⊙ Variations: Use your favorite sausage and different broth. Adding spices is highly recommended. Use leek to replace onion, use red kidney beans or chickpeas to replace cannellini white beans.

烤雞與青豆 *Roasted Chicken with A Bed Of Peas*

份量	4~6 人份

材料　1 隻現烤全雞，切塊，但仍保持雞塊原來位置
　　　1 包冷凍豌豆仁（16 oz./454g），解凍
　　　適量的鹽和胡椒

做法　1. 將豌豆仁放進沸騰的鹽開水中煮至再度沸
　　　騰，約 2 分鐘。
　　　2. 取出豌豆仁瀝乾，趁豌豆仁仍然溫暖，加
　　　入適量的鹽和胡椒調味。
　　　3. 將豌豆仁鋪於盤內，把切塊的全雞放中間，
　　　即可上菜。

Makes 4-6 servings

1 roasted whole chicken, cut into pieces but still keep them together to serve (as shown below)
1 bag frozen peas (16 oz.), thawed
salt and pepper to taste

DIRECTIONS
1. Place the peas in boiling salted water until water returns to boil, about 2 minutes.
2. Take out green peas and drain well. Add salt and pepper while peas are still warm.
3. Place cooked peas on plate. Place chicken on top of cooked peas and serve.

TIPS　◎ 預先烹調：不建議預先烹調。
　　　◎ 烹調變化：使用其他綠色青菜。

⊙ To make ahead: Not recommended.
⊙ Variations: Use other green vegetable.

時菜沙拉 *Green Salad with Nuts*

份量　8 人份	Makes 8 servings

材料　1 包綠生菜沙拉（約 200g）
　　　1 杯蜂蜜核桃或胡桃（另見 130 頁）
　　　1 個紅蘿蔔，洗淨，去皮切絲
　　　1/2 杯蔓越莓乾
　　　3 oz./85g 羊乳酪，切小塊
　　　1/4 杯檸檬汁
　　　1/4 杯上等初壓橄欖油
　　　2 小匙芥末醬
　　　1 瓣蒜頭（去皮切碎）
　　　適量的鹽和胡椒

做法　1.將檸檬汁、芥末醬和橄欖油拌勻，用鹽及
　　　黑胡椒調味，備用。
　　　2.將其餘材料混合一起，上桌前才拌入醬汁。

1 package spring green salad (7oz. /198g per package)
1 cup Honey-Glazed Pecans or Walnuts (recipe see page)
1 carrot, peeled, cut 1/4" thick or julienned
1/2 cup dried cranberries
3 oz. goat cheese, cut into small pieces
1/4 cup lemon juice
1/4 cup extra virgin olive oil
2 tsp. mustard sauce
1 clove garlic, peeled, finely chopped
salt and pepper to taste

DIRECTIONS

1. For the dressing, mix well lemon juice, mustard sauce and olive oil.
2. Combine all other ingredients in one bowl. Add dressing just before serving.

TIPS　◎ 預先烹調：可提前一星期做好醬汁。
　　　◎ 烹調變化：使用其他口味乳酪。

⊙ To make ahead: Make dressing one week ahead.
⊙ Variations: Replace the goat cheese with any other cheese.

水果奶酪 *Panna Cotta with Fruit*

份量	4 杯，約 8 人份

材料

1 大匙明膠粉（吉利丁）
2 大匙水（用以軟化明膠）
1 杯牛奶
1/2 杯糖
1/3 支香草豆莢（或 1 小匙香草精）
2 杯鮮奶油

水果：
2/3 杯新鮮草莓，切小塊
2/3 杯新鮮鳳梨，切小塊
2/3 杯奇異果，切小塊
2/3 杯新鮮覆盆子（或其他水果）
1/3 束裝飾用薄荷葉

辣椒糖漿：
1/3 杯水
1/3 杯砂糖
1/3 支辣椒

做法

1. 將明膠粉撒於 2 大匙水中，靜置。
2. 香草豆莢對半剝開，刮鬆香草籽，連同豆莢與牛奶、糖，以小火煮沸後離火，加入溶解的明膠，攪拌至完全溶解，讓牛奶溶液冷卻到室溫。
3. 將鮮奶油打至發泡，拌入已降回室溫的牛奶溶液，混合均勻，分裝於備好的容器。冷藏至少兩小時或長達一天。
4. 食用時搭配水果和辣椒糖漿。直接將水果加在奶酪上，或將容器以溫水浸泡幾秒鐘（至便於脫模即可），快速倒扣於盤上，再搭配水果及辣椒糖漿，且以薄荷葉裝飾。

Yield: 4 cups, 8 Servings

1 Tbsp. gelatin powder
2 Tbsp. water to soften gelatin
1 cup milk
1/2 cup sugar
1/3 each vanilla bean (or 1 tsp. vanilla extract)
2 cups heavy whipping cream

Fruits
2/3 cup fresh strawberries
2/3 cup fresh black berry
2/3 cup kiwi fruit, chopped
2/3 cup fresh raspberries
1/3 bunch mint for garnish

Syrup
1/3 cup water
1/3 cup sugar
1/3 each jalapeno pepper

DIRECTIONS

1. Soften gelatin in the 2 Tbsp. water.
2. Bring milk to boil with sugar and vanilla bean (split length wise). Remove from heat, add dissolved gelatin. Cool to room temperature strain if necessary.
3. Beat cream to stiff and fold into Cooled milk mixture. Divide between prepared ramekins or cups. Chill at least two hours or up to one day.
4. Mix berries and all fruit with syrup, invert ramekins onto serving plate. Garnish with fresh fruits and mint.

TIPS　◎ 預先烹調：提前一天做好，至多可冷藏保存三天。

◎ 烹調變化：以椰奶或豆漿取代牛奶，或用義式濃縮咖啡取代牛奶，成為卡布奇諾奶酪。製作咖啡奶酪時，加上打發泡的鮮奶油、最後撒上肉桂粉即可，而不用香草和辣椒糖漿。

⊙ To make ahead: Make one day ahead. Store in refrigerator up to 3 days.

⊙ Variations: Replace the milk with coconut milk or soymilk. Make Cappuccino Panna Cotta: Replace the milk with espresso coffee. Skip the vanilla bean and syrup. Garnish with whipping cream and ground cinnamon.

鷹嘴豆泥沾醬 *Hummus with Pita Bread Chip*

份量	約 2 ¾ 杯

材料　1 瓶雞豆 *4（約 16 oz./454g）~~⅓~~
　　　3/4 杯水（或罐頭內的汁）~~1 ¾~~
　　　1 大匙檸檬汁　~~⅓~~
　　　1½ 大匙芝麻醬　~~⅓ + ¼~~
　　　2 個大蒜　~~1~~
　　　1 小匙小茴香粉　~~⅓~~
　　　1/2 小匙鹽和胡椒　~~¼~~
　　　2 大匙橄欖油　~~1~~
　　　少許糖
　　　少許甜椒粉
　　　少許新鮮歐芹

做法　1. 瀝除雞豆罐頭內的汁液（可暫時保留），
　　　將豆子以冷開水沖洗、瀝乾後，備用。
　　　2. 將雞豆與芝麻醬、大蒜、小茴香粉、橄欖
　　　油和鹽，以食物處理機攪打成泥。攪打過程，
　　　慢慢加入少許清水或罐頭內的汁液，大約 1/4
　　　杯，直至豆泥滑順為止，再加入檸檬汁及糖
　　　調整酸味。
　　　3. 將豆泥鋪於盤內，上面滴少許額外的橄欖
　　　油，撒上紅椒粉與新鮮歐芹（其他香料亦可）
　　　即完成。

Makes 2 ¾ cups

1 can chickpeas or garbanzo beans (16 oz.)
1/4 cup liquid from can of chickpeas
1 Tbsp. lemon juice (or to taste)
1½ Tbsp. tahini
2 cloves garlic, crushed
1 tsp. cumin powder
1/2 tsp. salt and pepper
2 Tbsp. olive oil
sugar to taste
paprika for garnish
parsley for garnish

DIRECTIONS

1. Drain chickpeas and set aside liquid from can. Combine remaining ingredients in blender or food processor. Add 1/4 cup of liquid from chickpeas. Blend for 3-5 minutes on low until thoroughly mixed and smooth. Place in serving bowl. Add a small amount (1-2 tablespoons) of olive oil. Garnish with paprika and parsley (optional).
2. Serve cold or hot with fresh, warm or toasted pita bread.

TIPS　◎ 預先烹調：做好後冷藏保存約一星期。
　　　◎ 烹調變化：多加點醬油、紅蘿蔔絲和小黃瓜絲即可拌麵，
　　　成為麻醬麵。亦可當作烤雞肉及各式蔬菜的沾料，例如：
　　　芹菜、紅蘿蔔、花椰菜（需汆燙）、小黃瓜、青椒、紅椒等。

⊙ To make ahead: Keep in refrigerator for up to a week.
⊙ Variations: Hummus can be used as a sauce for noodles, just add a little more soy sauce and serve with shredded carrots and cucumber. Can also be used as a dipping sauce for grilled chicken and vegetable sticks such as: celery, carrots, cauliflower, cucumber, green pepper, red pepper and other vegetables.

＊4 雞豆（chickpeas）：即鷹嘴豆（garbanzos bean），可用
來做沙拉、做配菜和濃湯，經常食用，有助於增加纖維的攝取。

派對籌備工作倒數 Check List

◆ 倒數 **48~24** 小時

確認參與宴會的人數,以及菜色是否需要調整?需要再加熱的菜有哪些?加熱所需的烤箱溫度是多少?確認餐巾紙、杯盤器具、公筷母匙等數量,購足所有食材及需要補充的器具。

◆ 倒數 **36~24** 小時

確認是否有大量冰塊,足以 (1) 冰鎮食物;(2) 冰鎮酒類飲料;(3) 加入飲用水使用。

◆ 倒數 **24~12** 小時

備好自己的菜色及飲品。

◆ 倒數 **4~2** 小時

備好食物、餐具、杯子、酒杯標示牌及飲用水擺設的位置,備好用來冰鎮酒類及飲料的大容器。備好開瓶器、醒酒器、水杯及酒杯,準備飲用水。

◆ 倒數 **2~1** 小時

確定已將自備的氣泡酒及白酒放入冰箱(或更早)。

◆ 倒數 **60~0** 分鐘

開始預熱烤箱,備好用來冰鎮酒類及飲料的大容器(只要容量很大不透水的乾淨容器均可),放入冰塊及等量的水,如非使用免洗餐具則需冰鎮或預熱用餐碟盤。

◆ 倒數 **30~20** 分鐘

將雪莉酒及白酒從冰箱中取出,打開自備紅酒。把冰塊及等量的水放到冰鎮酒類及飲料的大容器。

◆ 客人抵達

打開客人帶來的紅酒,將自備紅酒從冰箱中取出,氣泡酒及白酒放冰水浴,倒上飲品,例如冰開水、果汁或氣泡酒。

GERMAN COOKING

第 4 宴

另 一 種 鄉 愁
德 國 人 的 家 鄉 味

}

裸麥麵包

「這一包大茴香像本大字典似的，是做什麼用的？」

「大茴香泡茶可以預防感冒！」在 Marcus 旁邊的 Katja 回答我。

根據我做菜的經驗，這樣的用量，恐怕只有餐廳才能在新鮮度盡失之前就消耗完畢。好奇的我真想知道，這一對斯文的年輕人，拿大茴香來做什麼好菜？原來 Katja 的母親是少數到過中國學習草藥的德國人，Marcus 提議到我家廚房做道地德國菜給我們吃，超級市場的邂逅，從此成就了我們之間很多的好菜和歡宴。

Marcus 受聘在美國做事，Katja 是博士班研究生；Marcus 合約到期後，他們比較加州的氣候、美國公司極為優渥的薪資，以及朋友百般的慰留，曾經陷入留與不留的艱難思考，最後決定回到充滿親情的德國家鄉。Marcus 說過年過節，家裡滿屋子的親戚，吃起飯來好開心的。

柴火磚爐（Brick Oven）採用傳統的柴火燒烤，為最原始的烤箱，烘焙出來的麵包和 Pizza 最是美味。真正重視料理的餐廳都會建造一個磚爐，這也是我夢寐以求的配備，而 Marcus 居然說他家後院就有一個。

Marcus 和 Katja 雙方父母來訪美國時，曾到寒舍作客，品嘗我辦桌的中國菜時，還握著相機拚命地猛拍呢。Marcus 的母親 Doris 拿著紙筆勤作筆記，對美食的好學程度與我不相上下。她說居住的小鎮裡不可能看到這些地球另一端的食物，因而對中國菜充滿好奇；而 Marcus 父親 Norbert 則表示，我是他這輩子有過接觸的第二個中國

人，上一次是他二十來歲時在鄰村小酒吧，與一位中國旅人在吧台上互敬啤酒。 Norbert 曾經在鼓動東德解體的風潮中，成為鎮上第一個站台領導的鬥士，在地方上是人人尊敬的最佳市長候選人，但是做完村長後就執意退休不從政，只想帶著心愛的女人，遊山玩水，共度退休生活。

這次到 Marcus 老家後院烤德國麵包的行程，原是我個人的小小心願，卻勞煩他們兩個家族總動員，嚴陣以待，甚至早在數個月以前便開始蒐集餐廳資訊，好讓磚爐能發揮最大的經濟效用。這幾乎要花費一整天的做菜計畫，柴火磚爐需預熱三、四個小時，直至整個磚爐內部燒到灰白的程度，才能達到所需溫度。燒熱後，磚爐溫

度可以維持到隔天。這次照顧柴火的重責大任落在他們的小姪子 Florian 身上，從他烘得紅暈的兩頰，就確定他一定能夠勝任這份照顧磚爐的工作。

德國麵包在歐洲是出名的扎實，特色在於使用不同的穀類，因為有多樣穀類，加上選用自然捕捉的酵母，所散發的麵包香味自然無可取代。而各式德國麵包中，最負盛名的又非裸麥[1]麵包莫屬。

Doris 在一星期前就開始培養野生酵母，直至我們抵達時，酵母已經可以做麵包了。我們以 50％ 麵粉和 50％

製作德式烤薄餅

Miggi 塑好形狀的麵團

裸麥粉發製麵團，待最後塑形後，即可送入烤爐。很難想像，這可以做成超過二十個麵包的超級大麵團，與麵包店的販售作業沒兩樣，卻只是用來分享一家人。對我而言，千里迢迢來到 Marcus 的德國家鄉，看著他們全家近二十個人忙進忙出，沒有一雙手閒著，當麵團一成形後，隨即由小朋友接手運送到溫暖的爐前，一轉眼廚房就收拾得乾乾淨淨，儼然是一支分工精密的部隊，實在教人不得不佩服這個家族的凝聚力。

Florian 問我：「台灣在哪裡？」想到自己是他這輩子第一個接觸的台灣人，或許會發生重要的影響，就要他去找張世界地圖，好指出台灣的位置。我憧想著：或者從此以後，Florian 會與我一樣喜歡旅行，會對每一個遇到的中國人致上深深的笑容，會對有

需要的外國人伸出援手。看著他的眼睛，我慎重地用彼此的第二語言說道：「我來的地方不下雪，幾乎四季的水果都很甜而且種類很多，所以不會家家戶戶都把水果拿去做果醬、儲物過冬。因為地方小，所以我們喜歡出國旅遊。」

這裡距有「小柏林」之稱的 Mödlareuth 村不到二十分鐘車程。Mödlareuth 村是位於柏林以南約三小時車程，只有五十個居民的小村莊，因此每個人都彼此認識。這個小村莊曾經一夜之間被圍牆從中間隔成東、西德不同屬地，從此親人與一起上教堂的朋友，也被隔在抬頭就可望見彼此的兩端。為了預防東德的人逃到西德，兩片牆之間的溝地被撒上化學劑，草木不生，再加上從不餵食的黑色惡犬日夜巡邏，儼然是可望不可及的恐怖禁地。Norbert 說，當時他小小年紀，

將麵團送進磚爐

就被迫在部分區域埋入地雷，成為建造恐怖禁地的幫凶。這種悲辛的經歷，縱使相隔數十年，仍教他難掩氣憤。他有個從小一起長大的朋友，為了要逃到西德而在此魂歸西天。還有無法前來奔喪的村民，只能要求圍牆這端的家人，將父親遺體抬過圍牆的高度，才得以見到最後遺容。

約莫二十年的隔離，在柏林圍牆 1989 年 11 月 9 日倒塌當晚，Mödlareuth 村尚未得知自己的命運。直到一個月後，拆小柏林牆的那天，全村人終於喜極而泣地慶賀這個大好消息。也幸好有人在拆除過程臨時叫停，方得以留下一部分圍牆給世界做見證。圍牆初拆時期，東德人仍需持特別護照才准進入西德。Marcus 說，當時邊境在晚上卻是開放的，居住在兩邊的老朋友可以在中間小酒館相聚飲酒，

午夜前各自回家睡覺。有一對在酒館認識的夫婦，讓 Marcus 和哥哥拿著他們孩子的護照前往西德遊覽，讓當時年紀還小的他從此對陌生人充滿好感。

聽著當事人歷歷如繪地解說存在於歷史課本的事件，與我過去從書中看到、感受到的有天壤之別。觸摸著特殊設計的網狀鐵絲圍牆，小小的洞讓人就算能伸進手指也無法使力，不可能輕易攀爬而過。我想像那些甘冒生命危險，在漆黑夜幕中逃亡的被隔絕者的無奈。有多少人因為這堵牆而失去寶貴的自由與生命？這是比歷史更真實的 Norbert 的家，難以置信地，我竟然置身其間——距離隔開東西德的圍牆僅五十公尺之遙。

六月的德國中部依舊冷颼颼，整個家族圍坐在自製的超大型方餐桌前。身旁的磚爐已經餵飽麵團，今天

烤麵包的重頭戲終於要開始了。除了裸麥麵包，我們還做了兩種麵團。一個是 Pizza，在德國稱作「火焰薄餅」（Flammkuchen）。Pizza 最適高溫，首先被送入磚爐；接著是上層鋪滿肉桂糖粉的甜蛋糕；最後的溫度才適合烤麵包。

我們品嘗傳統德國菜燉牛肉捲（Rouladen）、培根醃黃瓜和馬鈴薯湯圓（Dumpling），在等待麵包出爐的時光中，感受著溫暖的家庭場景。

年近八十的曾祖母 Oma 一杯綠色烈酒呼嚕下肚，豪爽地說：「妳看我當年也是個美人胚，所以子孫個個長得英俊漂亮。」辛苦養育後代一輩子，如今子孫滿堂，這是屬於她的榮耀。我鼓動她多喝一杯，因為這絕對是值得慶賀一生的成就啊！

我在聚餐中得知，年輕時的 Oma 偶爾會到隔壁鎮上販售自己發明的小吃，美味聲聞全村，聽說好吃到村人都要出來排隊的程度，盛況前所未見，讓她的孫子覺得有這樣的 Oma 好驕傲啊！

舊時代的德國，每一個村莊都有一個烘培屋，供村民烘烤麵包，而且會定期預告何時要燒熱磚爐，便於家戶登記想烤麵包的時間，到時帶著各自的麵團送入共用的磚爐，非常節省資源。儘管現代人家家戶戶都有烤箱，我卻鍾情於柴燒的原始，那一旦燃燒起來便不易退火的熱情，讓所有食物格外可口溫馨。

風吹麥田，像海洋般拍打著浪花。

我在位於德國地圖正中央位置，號稱「綠色心臟」的鄉間路旁停下來，望著大地的脈動，問道：「大麥和燕麥該如何分辨呢？」「大麥尾端有長毛，燕麥則沒有。」Katja 回答了我這幾天來的疑問。這一路上的大麥和燕麥，加上翠綠的玉米幼苗，幾種不同顏色的農作物，形成深淺的翠綠色與淡褐色。乾淨又整齊地劃上顏色不等的大地區塊，那是童年時在風景卡片上才看得到的場景。

這趟德國行，我先到西德拜訪某位住豪宅的朋友，臨走時，她告訴我：「妳到了東德，房子可能就沒這麼寬大舒適了。」我回答她：「我一點也不在意。」因為我已預知在遠方深深呼喚著 Marcus 和 Katja 的家，一定會很溫暖。

將醃肉當作晚餐，在德國極為常見。

辦桌檔案

[主題]　德國家鄉味

[主廚]　Miggi Demeyer

[地點]　德國 Doris and Norbert Hetterle 家的後院

[菜單]　德國水滴形麵疙瘩、紅高麗菜燉蘋果醋、新鮮蘋果醬、脆皮蘋果捲、德
　　　　式燉牛肉捲，以及裸麥麵包。

[攝影]　Michael Demeyer

菜單設計

　　德國中部著名的馬鈴薯大湯圓，雖有個像日本拉麵一樣的博物館，然而，卻因生長在德國的馬鈴薯澱粉黏性較強，所以很難複製那種湯圓。倒是水滴形麵疙瘩食譜值得推薦，它的作法就像台灣的米苔目，先通過一目目的小洞才落入滾燙的沸水中成形，差別在於材料是麵粉和雞蛋。久燉後的牛肉捲適合搭配酸菜和紅高麗菜燉蘋果醋，使得高麗菜顯得格外可口。舊時代為了保存食物，將蘋果煮成醬泥，經裝瓶後，能夠食用一整年；現代版的蘋果醬不需加熱，營養完全保存，尤其是豬肉臨時缺少醬汁時，幾顆蘋果就搞定。

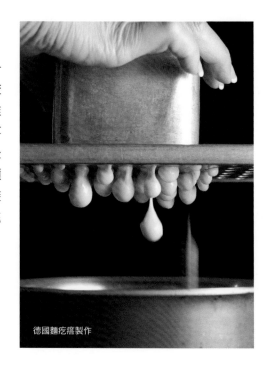

德國麵疙瘩製作

酒類搭配

德國酒麗絲玲

　　德國白酒約占所有葡萄酒的70%，紅酒產量逐年提高。目前最大宗種植的葡萄是麗絲玲，釀出華麗芳香、酸度高的白酒，有著不同甜度。高品質德國酒往往將資訊條理而確實地列於酒標上，很方便選購。傳統德國菜多經過處理或長久燉煮，而肉類若燉煮時間拉長，味道通常就鈍了，麗絲玲的高酸度剛好用來提鮮。葡萄晚收成，甜度自然提高。因為麗絲玲有不同甜度的選擇，甜度高的適合搭配很多辣、酸且微甜的亞洲菜。

　　另外一個搭配食物的選擇是啤酒，不同於葡萄酒，雖然有些啤酒確實可以陳年，但是基本上啤酒是越新鮮越好喝，啤酒自然輕微的澀覺，會提高對食物的敏感度。但是不同啤酒又有不同強度的澀、酸及甜，有時會強蓋過食物，加上飲用溫度的不同會有不同的效果，搭配這套德國菜時，選濃厚味甘的啤酒，飲用時不要放太冰。

德國葡萄酒法定分級為：
● 第六級　清淡酒（Kabinett）：8.6~11.4％，依法定成熟期採收。口味清淡、中甜。
● 第五級　遲摘酒（Spatlese）：7.6~9.5％，比法定成熟期較晚採收的葡萄所釀造。
● 第四級　串收酒（Auslese）：11.1~13％，挑選成串且較成熟的葡萄所釀造。
● 第二級　粒選貴腐酒（Beerenauslese）：15.3~18.1％，特別挑選又香又甜且附有貴腐菌的葡萄粒所釀造。
● 第三級　冰酒（Eiswein）：15.3~18.1％，精選健康的葡萄，留待寒冬來臨時，果實結凍狀況下所採收的葡萄。
● 第一級　頂級貴腐酒（Trockenbeerenauslese）：21.5~22.1％，逐粒挑選長了貴腐菌而且乾枯的葡萄來釀製。

德國水滴形麵疙瘩 *Spaetzle*

份量	10 人份

Makes 10 servings

材料　10 個雞蛋（室溫）
　　　2 lb./907g 麵粉
　　　2 杯牛奶（室溫）
　　　1/2 杯植物油
　　　1 小匙鹽
　　　1 小匙白胡椒
　　　適量的新鮮現磨肉荳蔻粉

10 eggs
2 lb. flour
2 cups milk
1/2 cup oil
1 tsp. salt
1 tsp. pepper
fresh ground nutmeg to taste

DIRECTIONS

做法　*1.* 所有材料於室溫下混合均勻，直至滑順，
　　　若必要則先將冰牛奶加熱至室溫。
　　　2. 讓麵團靜置 1 小時。
　　　3. 將篩子置於有沸騰熱水的鍋子上方，一次
　　　將 2 杯麵團推過篩網入鍋，約煮 3~5 分鐘，
　　　在尚有嚼勁的程度，即起鍋，以冰水快速冷
　　　卻，撈起瀝乾。

1. Mix together all ingredients (at room temperature) until smooth.
2. Let dough rest one hour.
3. Place 2 cups of batter at a time in Spaetzle maker, push batter through holes and poach 3-5 minutes to al dente, strain and chill immediately.

TIPS　◎ 預先烹調：麵糊可於 8 小時前做好，但務必冷藏保存。
　　　◎ 烹調變化：這道「德式米苔目」，亦可將奶油炒熱至近
　　　淡棕色，爆香鼠尾草後，加入麵疙瘩炒熱，上菜前撒上切
　　　碎的歐芹。也可用橄欖油炒大蒜，添加切碎的番茄乾。
　　　⊙ To make ahead: Make batter 8 hours ahead and store in refrigerator.
　　　⊙ Variations: Brown butter sauté with sage. Garnish with finely chopped parsley. Add finely chopped sun dried tomato. Sauté in olive oil with garlic and lemon zest.

冰水冷卻的德國麵疙瘩

紅高麗菜燉蘋果醋 *Braised Red Cabbage*

份量　4 人份

Makes 4 servings

材料　2 片培根
　　　半個洋蔥，切片或切塊
　　　1 大匙糖
　　　半個紅甘藍高麗菜，切絲
　　　1 杯雞湯或水
　　　半杯蘋果醋
　　　1 個蘋果，去皮，切片或切塊
　　　1/4 杯金黃色葡萄乾
　　　2 個丁香
　　　2 個眾箱子（或叫牙買加胡椒）
　　　1 個月桂葉
　　　1 小匙葛縷子（caraway seed）
　　　海鹽、椒粉，調味

2 slices bacon

1/2 onion sliced or diced

1 Tbsp. sugar

1/2 head red cabbage, shreded

1 cup chicken stock or water

1/2 cup cider vinegar

1 apple, skinned, sliced or diced

1/4 cup golden raisins

2 whole cloves (spice)

2 whole allspice (spice)

1 bay leaf (spice)

1 tsp. caraway seed (spice)

salt and pepper, to taste

做法　*1.* 一個大燉鍋先炒培根，直到出油後，加入
洋蔥和糖續炒，直到洋蔥變軟。
　　　2. 加入紅甘藍與油攪炒直到均勻。
　　　3. 加入雞湯、蘋果醋、蘋果、葡萄乾和所有
香料（綁在一個紗布袋）。蓋鍋蓋煨到紅甘
藍菜變軟，約 45～60 分鐘。
　　　4. 取出香料袋後用鹽和胡椒調味，有必要時
加入多一點糖，調整酸度。

DIRECTIONS

1. Render the bacon in a large, heavy pot. Add onions and sugar and cook until the onion is soft.

2. Add the cabbage and stir over medium high heat until it is coated with fat.

3. Add the stock, vinegar, apples, raisins and all the spices (tied in a cheesecloth bag). Cover and simmer until cabbage is tender, about 45-60 minutes.

4. Remove spice bag and adjust the seasoning.

TIPS　◎ 預先烹調：可於前一天先好，迅速冷卻卻置冷藏。
　　　◎ 烹調變化：可用豬油，鹹豬肉或雞油，植物油也可以使
用，但風味較差。也可省略一、兩種香料。
　　　⊙ To make ahead: Make one day ahead and heat before serving.
　　　⊙ Variations: substitute lard, salt pork, or chicken fat for the bacon. Vegetable oil may be used, but it does not contribute to flavor. It will be fine if you skip one or two spices.

德式燉牛肉捲 *Rouladen*

份量	4 人份	Makes 4 servings

材料
8 片沙朗牛排，約 1×5×10cm 大小
1/2 杯芥末醬
1 小匙胡椒
1 小匙鹽
3 個醃黃瓜，切片
6 片培根，切丁
1 個洋蔥，切丁
1/4 杯油
3 杯牛骨高湯
1/3 杯麵粉
1/3 杯冷水或高湯

8 slices sirloin or top loin steak (2 lb.)-thinly sliced, 0.7 cm thick,
4 inches wide and 8 inches long
1/2 cup mustard sauce
1 tsp. pepper
1 tsp. salt
3 dill pickles, sliced
6 slices lean bacon, diced
1 onion, diced
1/4 cup oil
3 cups beef stock or water
1/3 cup flour
1/3 cup cold water or stock

做法
1. 將牛肉一面塗上薄薄一層芥末醬，再撒上鹽和胡椒。均勻鋪上洋蔥、培根和醃黃瓜後，將牛肉片捲起，以牙籤固定。
2. 起鍋後，待油加熱後，將牛肉捲煎至外層呈棕色，加入牛骨高湯，轉小火，繼續煨煮（或加蓋後以預熱至 180℃〔350°F〕的烤箱燜烤），至肉全熟，約需 60~90 分鐘，途中依需要，補入更多的水。
3. 待肉捲煮熟後，取出保溫，準備隨時上菜。
4. 將麵粉和冷水混合均勻倒入鍋中攪拌至沸騰，以鹽和胡椒調味成醬汁。

DIRECTIONS
1. Spread mustard on the sliced steak, very thinly. Sprinkle with salt and pepper. Spread diced onions, chopped bacon and diced pickles. Roll steak over ingredients. Use toothpick or sewing thread to wrap around and secure meat roll.
2. Cook in skillet or Dutch oven with 1/4 cup oil. Cook until the meat turns brown. Add beef stock and bring to boil and simmer on stove or put it in 350°F oven until the meat is done and liquid evaporates, (approximate for 1-1.5 hours), adding more beef stock or water as needed.
3. Once meat rolls have cooked to tender, remove, set aside.
4. Combine flour and cold water until smooth and slowly stir into broth. Bring to a boil, stirring constantly until thickened to make the gravy mixture. Season with salt and pepper.

TIPS
◎ 預先烹調：可於前一天先煮好。
◎ 烹調變化：將胡蘿蔔、芹菜、洋蔥和培根一起煎至表面焦糖化，與牛肉捲一起加水煮，以增加醬汁風味。

⊙ To make ahead: Make one day ahead and heat up before serving.
⊙ Variations: Brown carrot, celery and onion with meat roll to add extra flavor in gravy.

脆皮蘋果捲 *Apple Strudel*

份量	2 捲，約 10~12 人份	Makes 2 rolls, 12 inches each

材料
8 個青蘋果，去皮去心，切小塊厚約 1.5cm
1 大匙檸檬汁
8 oz./227g 砂糖
2 oz./57g 葡萄乾
1 大匙新鮮橙橘皮（橘色部分），磨細
1 小匙肉桂粉
12 張 Phyllo 麵皮紙 ●2
4 oz./113g 奶油，需融化
4 大匙杏仁，磨碎

8 apples, peeled, cored and sliced 1.5 cm thick
1 Tbsp. lemon juice
8 oz. granulated sugar
2 oz. raisins
1 Tbsp. orange zest, grated
1 tsp. ground cinnamon
12 sheets phyllo dough
4 oz. clarified butter, melted
4 Tbsp. ground almonds

做法
1. 蘋果與檸檬汁和一半的糖混合，靜置 30 分鐘，然後倒除多餘液體。
2. 將醃好的蘋果加入剩餘的糖、葡萄乾、橙橘皮和肉桂成內餡。
3. 將麵皮紙一張置於桌面，輕刷一層上奶油後，鋪上第二張，輕刷奶油後，再均勻鋪上一層杏仁碎片。重複以上動作，完成六張麵皮紙的重疊。另外六張則以此類推。
4. 將一半內餡置於重疊後麵皮紙較長的那端，將內餡緊緊圍繞捲好（可用紙張協助滾動麵團），製成兩捲。
5. 將兩頭麵皮紙封住，麵皮尾端朝下放在烤盤，表面輕刷融化的奶油，放入烤箱 190℃（375℉），烘烤約 30 分鐘，直至金黃色酥脆。

DIRECTIONS

1. Toss the apples with the lemon juice and half of the sugar in a medium bowl. Let stand for 30 minutes, and then drain off the liquid that forms.
2. Gently combine the drained apples with the raisins, zest, cinnamon and remaining sugar.
3. Prepare the phyllo dough by laying one sheet out on a piece of parchment paper. Brush lightly with the clarified butter and top with a second sheet of phyllo. Brush this sheet lightly with butter and sprinkle with about 0.1 oz. ground almonds. Top with a third sheet of dough, more butter and nuts and repeat until 6 sheets of phyllo are stacked.
4. Place half of the apple mixture along the long edge of the assembled dough. Using the paper to assist with rolling the dough, roll the phyllo around the filling tightly.
5. Place the paper and the strudel, seam side down on a baking sheet. Brush the surface lightly with melted butter. Bake at 375℉ until golden brown and crisp, approximately 30 minutes.

TIPS
◎ 預先烹調：建議當天製作，完成後立即食用。
◎ 烹調變化：以胡桃、核桃或其他果仁取代杏仁，上菜時搭配香草冰淇淋。

⊙ To make ahead: Not recommended.
⊙ Variations: Serve with vanilla ice cream and chocolate sauce.

新鮮蘋果醬 *Fresh Apple Sauce*

份量	4 人份

Makes 4 servings

材料	4 個蘋果，去皮和籽，切塊
	1/8 小匙鹽，調味
	少許肉桂粉，調味
	少許新鮮現磨荳蔻粉，調味
	半個新鮮檸檬汁，調味

4 Apple, skinned, seeded, cut into big cube
1/8 tsp. salt, to taste
Ground cinnamon, to taste
Fresh ground nutmeg, to taste
1/2 Fresh squeezed lemon juice, or to taste

DIRECTIONS

1. Puree all ingredients in food processor or blender until smooth. If using the blender add small amount apple first and gradually add more until all done.
2. According to the variety of apples tartness and sweetness, adjust to taste.

做法	1. 將所有的材料用食物處裡機或果汁機打成泥，如使用果汁機時必須一次放進少量蘋果，避免空轉。
	2. 由於各種蘋果酸甜度不同所以請試味道來作判斷。

TIPS	◎ 預先烹調：新鮮蘋果醬最好當天做。
	◎ 烹調變化：將所有材料一起煮開後，用小火續煮 15 分鐘。可取出 1/2 或 2 /3 的蘋果打成汁，再倒回鍋中與其餘蘋果拌勻，如此可以保留部份塊狀顆粒，在口感上比較有趣，迅速冷卻置冷藏保存一星期，食用時冷熱均可。

⊙ To make ahead: Make it fresh is the best.
⊙ Variations: Bring all ingredients to boil, simmer for another 15 minutes. Puree 1/2 or 2/3 of the sauce and return to pot mix well. It is more fun to keep some chunk so it has some texture. Can be refrigerator for up to a week. Serve cold or hot.

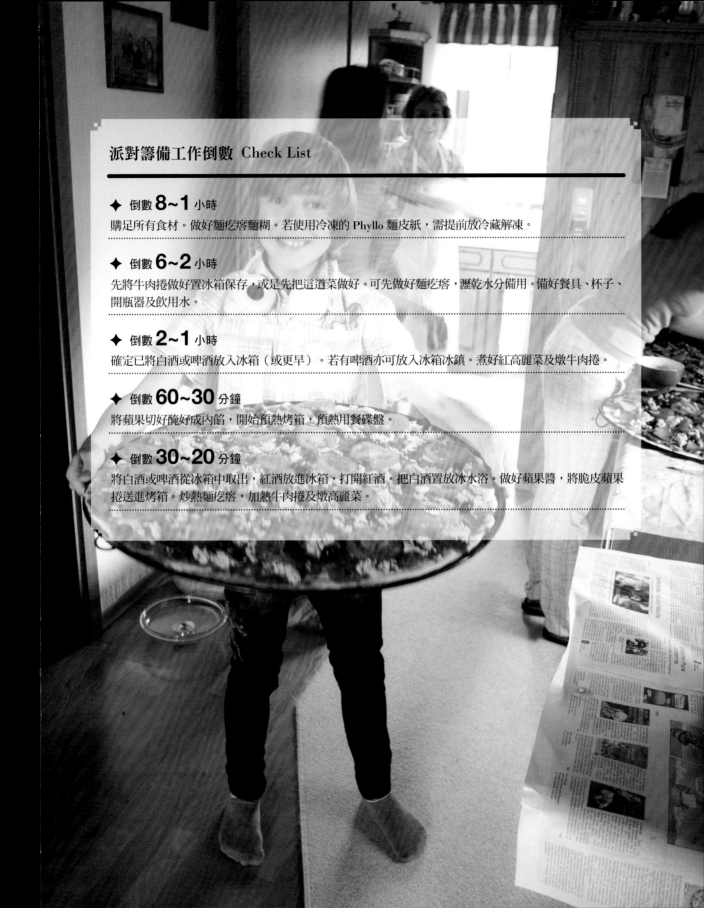

派對籌備工作倒數　Check List

✦ **倒數 8~1 小時**

購足所有食材。做好麵疙瘩麵糊。若使用冷凍的 Phyllo 麵皮紙，需提前放冷藏解凍。

✦ **倒數 6~2 小時**

先將牛肉捲做好置冰箱保存，或是先把這道菜做好。可先做好麵疙瘩，瀝乾水分備用。備好餐具、杯子、開瓶器及飲用水。

✦ **倒數 2~1 小時**

確定已將白酒或啤酒放入冰箱（或更早）。若有啤酒亦可放入冰箱冰鎮。煮好紅高麗菜及燉牛肉捲。

✦ **倒數 60~30 分鐘**

將蘋果切好醃好成內餡，開始預熱烤箱，預熱用餐碟盤。

✦ **倒數 30~20 分鐘**

將白酒或啤酒從冰箱中取出，紅酒放進冰箱，打開紅酒。把白酒置放冰水浴。做好蘋果醬，將脆皮蘋果捲送進烤箱。炒熱麵疙瘩，加熱牛肉捲及燉高麗菜。

{ MEN
COOKING

第 5 宴

純正男人味
大女人的生日聚餐

親愛的男士，如果你從來沒下過廚，就從成為牛排[1]高手開始吧！千萬別再固守退了潮流的大男人主義，堅信「君子遠庖廚」的論調，這會讓你錯過許多生活樂趣。

對許多男人來說，情人節最適合品嘗的菜肴，是女人不可不知的牛排，因為當天你就是甜點，而牛排卻是最能勾起男人欲望的前菜。擁有一個願意走進廚房的男人，是女人的幸福，因為他們大多愛家、顧家。

這是一場由男人掌廚的生日盛宴，他們分別來自不同文化背景：Chris（英國）、Steve（德國）、Mark（愛爾蘭）、Louis（中國）。男人相聚，聊起做菜，竟能像爭辯政治議題般熱烈！哪個品牌的芥茉醬最好吃？何種德國香腸最

道地？誰家媽媽做的乳酪麵條最令人回味？儘管沒有臉紅脖子粗，卻是各有堅持。

Steve 是性格男，堅持葡萄酒非紅酒不喝，以為單寧柔順的酒過於娘娘腔。穩重厚實的他，一板一眼，凡事按部就班，唯獨對做菜例外，每年感恩節都以不同方法烹調火雞，除了推進烤箱，還有各種 BBQ、煙燻[2]、油炸方式，所以，他家的感恩節可以說是廚藝實驗日。

Louis 是位好好先生，什麼菜都愛做，你請他吃飯，他會開心地幫你燒條魚，順便再多做兩道菜。舉凡世界各國料理，他都躍躍欲試，是餐桌上的大冒險家，中國人的厚道老實外加好客全讓他包了。

Mark 形容起美食，就算桌上沒有半道菜，照樣教人覺得色香味全到齊。若我們在他的廚房辦宴會，保證找不著一般鹽，而是各式瓶罐的海鹽，加上最好的廚具在旁，他可不是買這些來裝飾廚房的，而是件件都各有擅長、各司其職。

Chris 帶著老婆闖蕩歐洲酒莊，車庫裡常囤積著數不清的整箱葡萄酒，他卻能擁有一年只開一瓶同款酒的耐性，慢慢地等待「她」的陳年。

與這群人吃飯，除了聊不完的美酒佳肴之外，也很放心他們是打從心眼裡想讓食物更有滋有味。既然這些男人一人負責一道菜，我索性將食材與食譜丟給他們，多享受點女人聊天的清閒。這場餐宴慶祝的是同月份的三個女人生日，還有一對夫妻的結婚周年，讓人不禁要想：因為在良辰吉時出世才造就這場餐宴、帶來這份好運（成員個個都擁有願意為女人煮食的好男人）？

朋友當中，看女人做菜就挽起袖子幫忙洗碗的男人比比皆是；還有太太是婦產科醫生，三個孩子就由專職「奶爸」拉拔長大；若是雙薪家庭的話，家務理所當然要分工。兩性專家 John Gray（即《男人來自火星，女人來自金星》作者）提到：「不管男人賺多少錢，在女人眼中，你所幫她做的體貼小事，竟是與賺錢同等重要。」當兩人在廚房一起將整個萬聖節的大南瓜變成南瓜派、南瓜麵包、南瓜湯、南瓜餅乾和南瓜泡菜，四隻手一起搬刀弄斧，灶火越燒、家就越旺盛，這時誰去洗碗？誰去燒菜？已經不是重點。

◆ 1 牛排（Steak）：是容易掌握技巧的一道菜，最被稱讚的是用美國牛肉，因其畜養後期使用穀類餵食，肉質較柔軟，若找不到美國牛肉，其他國家吃穀類長大的，也可以得到類似肉質。美國農業部市場服務（USDA）將牛肉分等為：最上等為 Prime，只有一些餐廳，或高級肉販店才販售；第二級為 Choice；第三級為 Select。小牛肉（Veal）和羊肉（Lamb）同樣以此分級。口感最佳的是再經過熟成的牛肉（Aged beef），只有最上等的餐廳或肉品賣店販售，分乾式和濕式熟成，藉由肉本身的酵素，存放給與酵素更多的時間將肉質轉化為更柔軟，味道也更加強。乾式熟成因為喪失很多水分，烹調時需切除包覆生長在外層的某些真菌，整體喪失大約 20%，因此售價相對提高。千萬別在家自己熟成牛肉喔！除非你能保持存放溫度 0~3℃（32~38℉），且確保不被細菌侵犯。

◆ 2 煙燻：關於煙燻，若想更講究，請買煙燻專用木屑來冷燻吧！將木屑放入準備淘汰的鍋子，起大火乾燒鍋子，至木屑開始冒大煙就熄火，想辦法把生肉吊在上頭，兩者一起放在密閉的小空間裡，當煙快熄了，約每 15 分鐘就再將鍋子燒到冒煙，待 45~60 分鐘之後，這樣烹製出來的風味，擁有令人成癮的魔法。就專業者而言，煙燻法為舊時代廚藝中的最高境界。煙燻分為冷燻和熱燻兩種。熱燻用來保存食物的，經煙燻後，風味無處不在。其技巧很簡單，只是裝置設備有點麻煩。煙燻木屑的味道有很多種，常見的至少就有蘋果木、櫻桃木、胡桃木、山胡桃木、楓木、橡樹、桃木等。我最喜歡山胡桃木和桃木。山胡桃是美國南方的傳統烤肉燻香味，追溯我對煙燻技法成癮的原因，是在學校上課時伺候了煙燻箱半天，結果身上從髮絲到呼出來的氣息都有味道，覺得連自己都變得很可口！這個技法可以說是將味道滲透到淋漓盡致啊。

　　Steve 負責最重要的牛排,將牛肉丟上烤架,他就沒事做了,使得烤牛排工作顯得很簡單,只需些許前置作業,過程不過十來分鐘。而我早在他們抵達前兩小時,已將鹽、胡椒和香料塗好、醃著,接下來他只要大火把肉先煎成焦糖色,再以文火慢烤 3~4 分鐘(視厚度而定),差不多就完成了。其餘的,就讓牛排靜靜地擱置於保溫處約 5~10 分鐘,任其自行餘溫燜煮(參見 232 頁)。千萬記得:別讓牛排煮到你要的熟度才拿起來!肯定就熟過頭了。我們選用肋眼牛排,肥滋滋的油與肉相連,是極其夠味的部位。無論再怎麼怕肥,都不能將肥油切除,因為那是整塊牛肉的風味所在。當然你可以避開不吃,但烹煮時務必要留著。

　　搭配牛排的醬汁有許多種,就算你一種都不會做,只要選對現成的芥茉醬和牛排醬,再把一大塊烹調適當的牛排端上桌,就有機會贏得滿堂彩,讓所有人的目光都聚焦在那塊肥美的牛排。我們用的是最簡單的一招:讓用餐的人自己撒上煙燻過的海鹽。別小看少少幾粒結晶體的力量哦,經過煙燻這個精緻考究的料理手法,將能完整顯現主角牛肉的難忘風味。

用餐後，男女各自返回火星去抽雪茄、到金星去吃甜點，畢竟來自不同星球各有不同的關心話題。現今盛行婚後讓太太「Lady's Night Out」，與閨中好友鬼混去，千萬不宜霸占彼此。我教過最開心的烹飪課，莫過於由先生買單外加帶小孩，十個女人就跟著我在廚房裡吃喝玩耍學做菜，讓女人開心的先生不但少發愁，還能在未來不斷享受著學習後的成果。

辦桌檔案

[主題]　男人上菜！

[主廚]　Miggi Demeyer

[地點]　美國加州聖荷西 Rebecca and Mark Andrews 家

[菜單]　蟹肉白松露油豌豆湯、燒烤朝鮮薊、芝麻菜蘋果甜菜沙拉、根莖菜烤蘆
　　　　筍迷迭香、燒烤肋眼牛排、脆皮焦糖布丁、蜂蜜核桃或胡桃。

[攝影]　Michael Demeyer, James Kuzminian, Miggi Demeyer

菜單設計

　　牛排油脂高，建議以大量青菜所提供的維他命 C 抗氧化功能來抵消，因而配菜以蔬果類為宜，將青菜以不同烹煮法呈現，淡化食材種類的重複性。牛排與馬鈴薯是最經典的搭配。設計一盤烤蔬菜，除了馬鈴薯之外，還有蘆筍、胡蘿蔔、南瓜、防風草及其他根莖類蔬菜，以便攝取各種蔬菜中的維生素。馬鈴薯富含澱粉，應酌量減少其餘澱粉類食物。

　　至於以焦糖布丁做甜點，純粹因為前一天做了很多舒芙蕾，一個用大量蛋黃，另一個用大量蛋白，搭配使用，完全不浪費。

酒類搭配

最適合搭配牛排的酒款，要屬法國波爾多組合（Bordeaux Blend）的紅酒最受人青睞，因為它厚實的口感、強勁的單寧，入口後的粗獷宛如肌肉男的格局，配上牛排相得益彰。這個組合是指以卡本內 · 蘇維濃、梅洛為主要品種，再輔以馬爾貝克、卡本內 · 弗朗（Cabernet Franc）、小維鐸（Petit Verdot）等品種，所以其他各國以同樣這些葡萄組合所釀的酒，亦稱為波爾多組合。除了波爾多組合，義大利的內比歐露葡萄（Nebbiolo）所釀出的高單寧葡萄酒，總讓我在品飲時，想著一大塊肥滋滋的牛排。

蟹肉白松露油豌豆湯 *English Pea Soup with Crab Meat and White Truffle Oil*

份量	3 杯，約 9 人份（每人 1/3 杯）	Makes 3 cups

材料

1 lb./454g 英國豌豆（約 3 杯），需解凍
8 杯水
2 大匙糖
2 大匙鹽
1/2 杯蔬菜高湯（或其他高湯）
1/2 杯水
2 大匙白松露油
適量的鹽和白胡椒粉
110g 蟹肉

1 lb. English peas (about 3 cups), shelled
8 cups water
2 Tbsp. sugar
2 Tbsp. salt
1/2 cup vegetable broth
1/2 cup water
2 Tbsp. white truffle oil
salt and white pepper to taste
4 oz. crab meat

做法

1. 將水煮沸後，放入糖和鹽，分三批汆燙豌豆，每批約煮 3~4 分鐘。避免一次放入太多豌豆，以免水溫回升太慢而延長烹煮時間。

2. 將撈起的豌豆，以加鹽的冰水快速冷卻，如此可保持鮮綠。

3. 把煮熟的豌豆、1/2 杯蔬菜湯和水，以果汁機攪打成汁，成品約 3 杯濃湯（若不喜歡太濃，則添加蔬菜湯或水）。

4. 以適量鹽和白胡椒調味，於上菜前拌入白松露油，最後在湯裡加入蟹肉即完成。

DIRECTIONS

1. Bring water to boil, add 2 Tbsp. sugar and 2 Tbsp. salt. Divide peas into 3 batches, cook about 3-4 minutes each batch. Avoid putting too much in at once. (Water temperature will rise too slowly to cook properly.) Keep water boiling. Cook peas until they are tender and fully cooked.

2. Quickly cool the peas in salty ice water, so they can remain bright green.

3. Add 1/4 cup vegetable broth and water to peas and blend in blender or with stick mixer until smooth. You should have 2 cups of soup. If it is too thick, add vegetable broth or water.

4. Add salt and white pepper to taste. Stir in truffle oil before serving. Add crab meat on top of the soup.

TIPS

◎ 預先烹調：盡量當天製作，否則成品將因氧化而使顏色不夠翠綠。
◎ 烹調變化：以汆燙的蝦子或干貝取代蟹肉。將紅蔥頭或大蒜切片後，以沙拉油爆香，最後加於湯上，用來取代白松露油。

⊙ To make ahead: This soup should be served the same day it's made, as it will oxidize, or discolor, over time.
⊙ Variations: Substitute cooked shrimp or scallops for crab meat. Substitute white truffle oil for shallot or garlic oil.

燒烤朝鮮薊 *Grilled Artichokes* [3]

份量	每人 1/2~1 個

Makes 1-2 servings per artichoke

做法

1. 整顆朝鮮薊洗淨後，約清蒸 25 分鐘，對半切開後，清除中心不可食用的冠絨毛部位，這個部位帶重苦味，務必清乾淨，抹上橄欖油及鹽，置於烤架，約烤 10 分鐘，直至根部軟化。過程中需適時翻面。

2. 準備沾醬：將一條培根煎脆後，切碎，拌入 1/4 杯美乃滋，攪拌均勻即可。亦可使用任何一種油醋醬。

DIRECTIONS

1. Steam whole cleaned artichokes for 25 minutes, cut in half. Remove inedible bud center. (Make sure to clean it very well because this part is very bitter)

Heat up grill very hot, lightly brush artichokes with olive oil and sprinkle with salt, grill for about 10 minutes until the thick part of the leaves are soft. Flip half way through grilling time.

2. Dipping Sauces:

• Bacon mayonnaise: bacon fried to crisp, finely chopped, add 1/4 cup mayonnaise, mix well and serve.

• Vinaigrette: any kind of salad dressing.

> ✽3 朝鮮薊（Artichoke）：除了抗氧化和維他命 C 很豐富，歐洲人更以其萃取物來治療肝膽問題。若能買到新鮮的，極力推薦試試這個營養高、卡路里低的好食材。選購時，並非越大越好，長得太大，纖維過硬，能食用的部分相對減少，所以建議購買中等大小但根部直徑寬的為佳。食用方法：煮熟後，將一瓣外層撥開，手拿葉尖，厚肥處沾醬，以牙齒刮去基底厚肥、纖維柔軟部位（約 1/3），丟棄剩餘過粗的纖維，有點像吃竹筍。待食用接近中心處，務必刮掉不可食用的冠絨毛部分。但冠絨毛的基部可食，且是整顆朝鮮薊最豐富、最甜美的部位。

TIPS

◎ 預先烹調：最長可於一天前蒸好，冷卻後放入冰箱冷藏保存，上菜前，待回至室溫後才放到烤架，約烤 10 分鐘即可。

◎ 烹調變化：以水煮替代燒烤。將朝鮮薊放入深鍋，水位蓋滿朝鮮薊，加鹽和香料後，煮 45~65 分鐘不等，直至葉片基部軟化，即可食用。因為本身的味道不強，建議沾醬食用。

⊙ To make ahead: steam artichokes one day ahead. Grill for 10 minutes before serving

⊙ Variations: boiled artichokes. Place artichokes in a big pot with enough water to cover all artichokes. Add salt and spices and cook for 45-65 minutes, until the base of the leaves is soften and easily pull off. The artichokes do not have a strong flavor. Serve with dipping sauce or Vinaigrette.

芝麻菜蘋果甜菜沙拉 *Arugula Apple Beet Salad*

份量	8～12 人份	Makes 8-12 servings

材料　1 包芝麻葉（約 7 oz./200g）　　　　　　　1 package arugula leaves (7 oz. per package)

3 個橙橘，去皮，切片　　　　　　　　　3 oranges

3 個甜菜，煮熟，去皮，切塊後加鹽調味　　3 beets, cooked

1 杯蜂蜜核桃或胡桃（另見 130 頁）　　　1 cup honey-glazed pecans or walnuts (recipe follows)

2 個青蘋果，洗淨，帶皮切絲　　　　　　2 green apples, sliced 1/4" thick or julienned

1/2 杯蔓越莓乾　　　　　　　　　　　　1/2 cup dried cranberry

3 oz./85g 羊乳酪，切小塊　　　　　　　3 oz. goat cheese, cut into small pieces

1/4 杯檸檬汁　　　　　　　　　　　　　1/4 cup lemon juice

1/4 杯上等初壓橄欖油　　　　　　　　　1/4 cup extra virgin olive oil

適量的鹽和胡椒粉　　　　　　　　　　　salt and pepper to taste

DIRECTIONS

做法　*1.* 將檸檬汁和橄欖油拌勻，備用。　　　1. Mix well lemon juice and olive oil for the dressing, set aside.

2. 將其餘材料混合一起，上桌前才拌入醬汁。　2. Combine all other ingredients in one bowl. Add dressing just before serving.

根莖菜烤蘆筍迷迭香 *Roasted Root Vegetables with Asparagus and Rosemary*

份量　16 人份，每份約 1/2 杯

Makes 16 servings

材料　1.5 lb./680g 馬鈴薯，不去皮，切成 1 吋大
　　　1 lb./454g 南瓜，去皮，切成 1 吋大
　　　0.5 lb./227g 胡蘿蔔，去皮，切成 1 吋大
　　　0.5 lb./227g 地瓜，不去皮，切成 1 吋大
　　　1 lb./454g 防風草根＊4，去皮，切成 1 吋大
　　　1 個洋蔥，去皮，切成 1 吋大
　　　3 大匙新鮮迷迭香，切碎
　　　1/3 杯橄欖油
　　　4 個大蒜，去皮，切碎
　　　2 小匙海鹽
　　　1 小匙現磨胡椒
　　　1/2 小匙紅辣椒粉
　　　1 lb./454g 特粗蘆筍，切成 2 吋長
　　　1 個檸檬，洗淨，切塊

1 1/2 lb. potatoes, skin on, cut into 1-inch pieces
1 lb. butternut squash, peeled, cut into 1-inch pieces
1/2 lb. carrots, peeled, cut into 1-inch pieces
1/2 lb. sweet potato, cut into 1-inch pieces
1 lb. parsnips, peeled, cut into 1-inch pieces
1 onion, peeled and cut into 1-inch pieces
3 Tbsp. fresh rosemary, chopped
1/3 cup olive oil
4 cloves garlic, peeled, finely chopped
2 tsp. sea salt
1 tsp. freshly ground pepper
1/2 tsp. cayenne pepper
1 lb. thick asparagus, cut into 2-inch long pieces
1 lemon, washed, cut into wedges

做法　1. 預熱烤箱至 200℃（400℉）。
　　　2. 將所有蔬菜（蘆筍及檸檬除外）放入大碗，倒入橄欖油、海鹽、胡椒和辣椒粉，攪拌均勻。
　　　3. 將蔬菜平鋪於兩個烤盤，放進烤箱，約烤 25 分鐘。加入蘆筍，續烤 5~15 分鐘（若不放蘆筍則直接烤 30~45 分鐘，視烤箱功率而定）。
　　　4. 上桌前，擠上檸檬汁，能使味道更豐富，千萬不要省略。

DIRECTIONS

1. Preheat oven to 400℉ .
2. Combine all vegetables in a large bowl (except Asparagus and lemon). Add the rosemary and then pour the olive oil over the mixture and toss to coat. Season with sea salt, pepper and cayenne pepper.
3. Divide vegetable mixture between two baking sheets. After roasting for 25 minutes, add asparagus. Continue baking for another 5-10 minutes until all vegetables are tender and brown in spots.
4. Squeeze lemon juice on top evenly before serving. It is ok to eliminate one of the vegetables or substitute another root vegetable.

TIPS　◎ 預先烹調：提前 4 小時準備好，將烤盤置於室溫。使用時，以烤箱 232℃（450℉）再加熱 15 分鐘。
　　　◎ 烹調變化：增減不同根莖蔬菜的種類及數量，只要注意胡椒和鹽的用量。蘆筍可以改用花椰菜。

⊙ To make ahead: Can be prepared up to 4 hours ahead. Let stand on baking sheets at room temperature. Rewarm in 450℉ oven until heated through, about 15 minutes.
⊙ Variations: Replace asparagus with broccoli. It is ok to eliminate one of the vegetables or substitute another root vegetable.

◆ 4 防風草根（Parsnip）：長相類似白蘿蔔而略黃，纖維緊實。
若松露是具有奇香的菇類，則防風草是帶有奇香的蔬菜，味道
甘甜。

燒烤肋眼牛排 *Rib-Eye Steak with Rubs*

份量	每人 8~12 oz.

材料 1.25 吋厚的肋眼牛排

牛排醃料粉（亦適用於羊肉和豬排），約醃
3~5 lb./1360~2268g 牛排：
1 大匙黑胡椒粉
1 大匙歐芹或奧勒岡，乾的
1 大匙海鹽
1 大匙甜椒粉
1 大匙大蒜粉
1 小匙百里香葉子，乾的
1/4 小匙紅辣椒粉
適量的菜籽油（或橄欖油）

做法 *1.* 將油以外的所有材料混合成醃料粉，於烤
牛肉的前一晚或前 2 小時，抹遍牛排。每磅
肉約 1~2 大匙醃料粉，且需均勻塗抹於兩側。
2. 開始烹煮前，將牛排回至室溫，且預熱煎
鍋或烤架至極熱，再將油塗抹於在牛排上（而
非烤架或煎鍋），以大火煎肉至呈焦糖化的
咖啡色，接著以文火慢烤約 3~4 分鐘（視厚
度而定），使牛排成為最佳賞味的五分熟。
3. 最後讓牛排靜置於具保溫的容器，用蓋子
或鋁箔紙蓋住，約 5~10 分鐘後即可上菜。

8-12 oz. steak per serving

1¼ inch thick rib-eye steak (boneless or bone in)

Steak Rub Seasoning (for 3-5 pounds of meat):
1 Tbsp. coarsely ground black pepper
1 Tbsp. dried parsley flakes or oregano leaf
1 Tbsp. sea salt
1 Tbsp. paprika
1 Tbsp. garlic powder
1 tsp. dried thyme leaves
1/4 tsp. cayenne pepper
canola or olive oil

DIRECTIONS

1. One night or 2 hours before cooking the steak, rub it with simple steak rub seasoning. (Use 1-2 Tbsp. of seasoning per pound of meat.) Be sure to evenly coat the meat with rub.
2. Make sure steak is at room temperature and the pan or grill is hot. Rub the steak with cooking oil (do not put oil on the grill or pan). Sear the steak to a caramelized brown color on both sides, then lower the temperature to slow or medium. Cook another 3-4 minutes (depending on the thickness).
3. Remove steaks from the grill or pan, cover with foil and allow to rest in warm place for 5-10 minutes before serving. The target is to cook it to best taste-medium rare.

脆皮焦糖布丁 *Crème Brûlée*

份量 8 人份	Makes 8 servings

材料 2 杯鮮奶油	2 cups heavy cream
2 杯牛奶	2 cups milk
1 支香草豆，剝開和刮出籽	1 vanilla bean, split and scraped
1 杯糖，分成兩半（其中 1/2 用來做焦糖）	1 cup sugar, divided into two equal parts
8 個大蛋黃	8 large egg yolks

做法

DIRECTIONS

1. 烤箱預熱至 163℃（325℉）。

1. Preheat the oven to 325℉ .

2. 將牛奶、鮮奶油、香草以慢火煮沸，離火，靜置 10 分鐘，備用。

2. Place the cream, vanilla bean and its pulp into a medium saucepan over medium-high heat and bring to a boil. Remove from the heat, cover and allow to sit for 10 minutes. Remove the vanilla bean and reserve for another use.

3. 以打蛋器持續攪拌蛋黃和半杯糖，直至變濃稠、顏色轉淡。再一點一點加入 *1*，且不斷攪拌，以細篩網過濾掉香草莢，並且除去泡沫，分別盛入 8 個約 7～8 oz. 的杯中。

3. In a medium bowl, whisk together 1/2 cup sugar and the egg yolks until well blended and it just starts to lighten in color. Add the milk mixture a little at a time, stirring continually. Strain mixture through a fine strainer. Remove any foam with skimmer. Divide the liquid into 8 ramekins (7-8 oz. each).

4. 將杯子放入大烤盤，盤中倒入足量熱水，以淹至杯子的一半為宜，放入烤箱約烤 25～30 分鐘，至搖晃布丁時，中心部位仍微微顫抖後，取出，待涼後，冷藏至少 2 小時。

4. Place the ramekins into a large roasting pan. Pour enough hot water into the pan to come halfway up the sides of the ramekins. Bake just until the Crème Brûlée is set, but still trembling in the center, approximately 25-30 minutes. Remove the ramekins from the roasting pan and refrigerate for at least 2 hours.

5. 自冰箱取出布丁，靜置至少 30 分鐘，將剩餘的半杯杯糖，均勻分布於每個杯子上，使用強火槍將糖燒至呈金黃色的焦糖化，再讓焦糖布丁靜置約 1 分鐘，即可上桌。

5. Remove the Crème Brûlée from the refrigerator for at least 30 minutes prior to browning the sugar on top. Divide the remaining 1/2 cup vanilla sugar equally among the 8 dishes and spread evenly on top. Using a torch, melt the sugar and form a crispy top. Allow the Crème Brûlée to sit for at least 1 minute before serving.

TIPS

◎ 預先烹調：尚未在表面燒焦糖前，最多可冷藏保存三天。

◎ 烹調變化：法國傳統的焦糖布丁是香草口味，但亦可加入檸檬皮、橙皮和肉桂調味。

⊙ To make ahead: Crème Brûlée can be refrigerated for up to 3 days before caramelizing the top.

⊙ Variations: The custard base is traditionally flavored with vanilla in France but is also flavored with lemon or with orange zest and cinnamon in Spain. The Spanish name is name Catalonia cream.

蜂蜜核桃或胡桃 *Honey-Glazed Pecans or Walnuts*

份量　2 杯

材料　2 大匙蜂蜜
　　　2 小匙水
　　　1/4 小匙紅辣椒粉
　　　2 杯核桃或胡桃

做法　*1.* 將烤箱預熱至 150℃（300℉）。
　　　2. 將蜂蜜、水和辣椒粉拌勻，放入核桃或胡桃再拌勻。放入鋪有烤盤紙（或塗油）的烤盤，約烤 20 分鐘。
　　　3. 烤完後立即以叉子將顆粒分離，此時會有些濕黏，待其完全冷卻即會收乾。

Makes 2 cups

2 Tbsp. honey

2 tsp. water

1/4 tsp. cayenne red pepper powder

2 cups pecan or walnuts

DIRECTIONS

1. Preheat oven to 300℉ .

2. Combined honey, water and cayenne pepper. Add pecan or walnuts and toss well. Place on a parchment-lined (or greased) baking sheet and bake for 20 minutes.

3. When done, immediately separate them with fork. It will be still a little bit wet and sticky. Let cool and dry completely.

派對籌備工作倒數 Check List

✦ 倒數 **48~24** 小時

購足所有食材。做好脆皮焦糖布丁。

✦ 倒數 **12~2** 小時

將牛肉用醃料粉備好，置於冰箱。做好朝鮮薊醬料。

✦ 倒數 **4~2** 小時

備好餐具、杯子、開瓶器及飲用水。

✦ 倒數 **2~1** 小時

確定已將白酒或啤酒放入冰箱（或更早），打開紅酒。開始預熱烤箱。做好蟹肉豌豆湯置冰箱。

✦ 倒數 **2~1** 小時

確定已將自備的氣泡酒及白酒放入冰箱（或更早）。

✦ 倒數 **60~30** 分鐘

將朝鮮薊蒸好。根莖菜烤蘆筍迷迭香準備好送進烤箱。預熱用餐碟盤，冰鎮沙拉盤。備好沙拉，醬汁先置一旁。

✦ 倒數 **30~20** 分鐘

將白酒從冰箱中取出，紅酒放進冰箱。開始加熱燒烤爐烤牛排及朝鮮薊醬。

✦ 客人抵達

打開客人帶來的紅酒，將自備紅酒從冰箱中取出，白酒放冰水浴，倒上飲品，例如，冰開水、果汁或氣泡酒。沙拉拌入醬汁。

{ FRENCH

第 6 宴

鵝肝、松露、魚子醬
法國銷魂全席

這一年的夏天，我做了現成的媽媽，突然多了個十六歲的法國女兒——Clémentine，她趁著暑假到美國來遊學，茹素有 183 公分的個頭，而且愛吃乳酪和甜點。

從配對後，我們便開始信件往返，難以計數的甜點及美食名稱不斷出現在我們的討論中：脆皮焦糖布丁、鮮奶油焦糖布丁、可麗餅煎餅、水果塔、翻轉蘋果塔（Tarte Tatin）、巧克力火鍋……

我在這一頭問道：「你們家是如何準備燉菜（即電影《料理鼠王》中的 Ratatuille）、鮮奶油烤馬鈴薯片、可頌麵包、紅酒燉牛肉、鴨油封鴨（Duck Confit）[1]……還有那個傳說中的翻轉蘋果塔是真的由法國經營小飯館的一對姐妹意外發明的嗎？聽說她們原意是要做蘋果派，結果派皮忘記放下面，烤箱中與蘋果放一起的糖被盤底的奶油快燒成焦糖了，才想起派皮，這時只好趕緊把派皮放上面烤，烤好後翻過來上菜，沒想到意外烤出來的焦糖香讓客人吃了以後很讚賞，於是這道甜點就成為這家飯館的招牌菜，從此意外成名？」討論熱度持續到她上飛機前的最後一封電子郵件，還不忘問我會不會做壽司啊？

一起逛街時，我發現她的眼神停駐於每家行經的糕餅店，久久不移，少女心思展露無遺；在抵達港式飲茶店前十餘公尺的路上，她便說聞到了茉莉花茶味，儼然是個虎鼻子。我想，這位著實很有潛力的美食家，機緣巧

合地落腳在我家。

行前，Clémentine 問我愛不愛松露？要從法國帶些過來。一聽，愣住的我陷入神遊，趕忙回神想：她指的一定是巧克力，而不是松露菌菇吧！

被稱為松露的食物有兩種：結球狀有奇香的菌菇，以及做成小球狀的巧克力。無論哪一種都是老饕的最愛。我因緣際會參與過兩場認識松露的盛會：一次是台北亞都飯店特別空運食材到台灣，請法國大廚辦桌的松露大餐，當時並沒有留下深刻印象；另一次是到巴黎時，專程買了一顆新鮮黑松露菌菇，回到飯店後，以小刀削片，細心品嘗。還記得那黑松露香味確實

奇特，入口後，濕木似的乳狀奶香，光憑嗅聞是無法察覺的，再經咀嚼時，發現清脆口感裡還帶著微辣。

我一邊仔細記錄著這從來沒有人形容給我的味道，一邊又納悶昂貴的松露真的只有這樣嗎？依然不解它教人隱隱心痛的價錢，究竟值得與否。這股不輕言放棄的探索精神，恐怕是來自父親自小給我的明示，因而沒嘗

*1 鴨油封鴨：大廚在專業廚師的領域中講究正確的料理用詞及煮法，對義大利廚師來說，道地的義大利餐廳一定要客人點菜後才開始製作義式燉飯；鴨油封鴨則是法國人的堅持，就是鴨肉經醃製後以鴨油小火長時烹煮，否則就不足以列為法國菜似的，封在油裡保存是傳統保存肉類的方法，但是經過適度時間的保存後，也因此而展現出更好的風味。鴨油的膽固醇比奶油少，且其中的多元不飽和脂肪酸 Omega-6、Omega-3 比奶油高、燃煙點也高，較奶油健康。此外，以鴨油炒菜或烤馬鈴薯也很適宜。

黑松露菌菇

現煎鵝肝

過的奇珍異果，都要找機會買來試試。

　　我的納悶終於在法國藍帶廚藝學校得到解答。教法國菜的老師說：「黑松露的味道其實沒什麼，倒是白松露有奇香！所以價格差距有兩、三倍之多。最出名的產區在義大利北邊皮耶蒙提州（Piedmont）的阿爾巴市（Alba）附近。」有了眉目後，我打破沙鍋問到底，硬要老師形容它的味道。結果隔天換來了整瓶的白松露油，全班以麵包沾著吃，嘖嘖滋味，真教人興奮！如此難以取得的食材，只能用油擷取、保留它最特殊的香味。新鮮白松露僅有兩個月的產季，而白松露油既保存香味又存放較久，成為容易取得的高級食材。從此，我的廚房必備白松露油，從青菜沙拉到牛排，只要滴上幾

滴，立刻被四溢的香味感動到難以言喻。既然品嘗白松露的心願難以實現，就天天以白松露油替代吧！何況松露的風味容易因為儲存過久而走失，所以根本沒有省下來慢慢享用的必要。

　　在我念的廚藝學校裡，無論龍蝦或鮮蠔、半頭牛或整隻鴨，舉凡學生列出的菜單，食材總是在隔天就到，畢竟大廚的養成必須親手操練，絕對不能紙上談兵。極少數例外的食材是鵝肝和魚子醬。新鮮肥肝的取得，以及其料理的困難，從需要專門老師旅行全美分校示範鵝鴨肝的各種作法得以看出。料理新鮮肥肝最繁複的，莫過於先醃、後燻、再煎的細緻工夫，當煎完小小一塊鵝肝後，立即裝盤送出，其魂魄隨著煎香一起呈現在客人

法式薄餅

桌上，最精彩的時刻，無非是看著客人入口後銷魂的表情，讓炊煮者擁有喜逢知己的小小虛榮與滿足。

法國人對美食的講究，用「全民運動」來形容亦不為過：醬汁總需經過長時間熬煮，過濾再過濾，最後才提煉出稀罕的珍味。儘管中國菜也不是省油的燈，但盤中難免有著多餘的骨頭、魚刺、香料殘骸等讓食客避開不吃。另外，值得佩服的是，法國人可以只憑著蛋黃凝固的原理或是蛋白的起泡，加上鮮奶油（或奶油）、麵粉、糖等簡單材料，就變化出很多不同的甜點。如今作法繁複的法國料理，為符合現代人忙碌的生活，已轉換成一包包精緻的冷凍食品，若去過法國高級冷凍食品專賣店的人將會發現，

這類專賣店非僅味道絕對保證，規模之大更是讓人咋舌。

即便如此，Clémentine 家和我一樣，多數時候堅持自己做菜，我雖然不像法國人一樣，餐餐提供麵包、晚間必備甜點，但將講究美食視為生命存在意義的態度，卻和她的所有法國同胞如出一轍。因此，進入我的廚房，Clémentine 如魚得水。

一群法國學生住進不同的接待家庭，我也見識到不同家庭的世界風貌。從俄國西伯利亞來的 Holly 媽媽，院子裡有兩隻母羊、五個蜂蜜箱，Holly 移民美國後依然像兒時一樣擠鮮奶、做乳酪、取蜂蜜；來自阿富汗的 Zohra 媽媽，家裡剛好有場大婚禮，讓我們見識到不同風俗的異國喜慶；我則教

Clémentine 包粽子、做壽司，讓她成為極少數知道怎麼包粽子的法國人；Candace 是義大利移民的第二代，她的母親不會講英文，所以她從小就帶著媽媽適應美國文化，這與接待外國學生好像也沒什麼不同。如今她已當接待家庭十幾年，家裡有過幾個德國、泰國學生，目前有約旦和法國學生，儼然是個小小聯合國，我看著她親切可愛的兩個女兒，那無國界的笑容，以及時時快樂地與客人寒暄的自在表情，就像是未來外交官的候選人。

Clémentine 住在香檳區的母親寫來一封長信，告訴我她希望自己的女兒能成為有國際視野的世界人。大部分的法國年輕人都往美國跑，她的女兒卻在美國住進一個東方人家裡學習不同文化，讓她覺得很榮幸，因此希望我能多與她分享我們的價值觀和文化。讀信至此，我的身體一陣哆嗦，有人是如此用心地教育自己的小孩，我想，我會從她那裡學到更多！

辦桌檔案

[主題]　中國媽媽的法國菜
[主廚]　Miggi Demeyer
[特色]　道地法國菜
[地點]　美國加州 Miggi 的廚房
[菜單]　蝦濃湯、香草料沙拉、紅酒燴雞、法式可麗餅、橙汁薄餅。
[攝影]　Michael Demeyer

菜單設計

　　香草沙拉可依喜好增減各種香草料，但是龍蒿葉（Tarragon）和蒔蘿（Dill）是這道沙拉最重要的靈魂人物，最好不要省略。香草料小小的一片葉子卻散發很強的香味，富含高單位的維生素，常吃有益健康又可增加食物的風味。

　　將剝下的蝦殼冷凍保存，累積多一些蝦殼後，再來做這道蝦濃湯。這是利用米來添增湯的濃稠度，質地適中。

　　能於宴客前準備好的甜點都是最佳選擇。可麗餅非常容易製作，當早餐、甜點、零食皆可，甚至應用於正式餐宴的主菜，內餡隨意變化，無論是做成蛋捲狀或三角形，扮相十足。

酒類搭配

歷史悠遠的法國酒儘管難懂，然而，其豐富的口感與精彩的結構，值得我們投注時間去記憶。如果你無心涉入這門知識，請專業推薦是最佳的選擇，侍酒師（Sommelier）[2]這個職位的存在自有道理。

法國酒的標籤難懂在於：每個地方只准栽種幾種特定品種，他們強調不同風土條件（Terroir）賦予酒特色，所以省略掉葡萄品種名，而直接列地名、鄉鎮名，甚或酒堡名稱。有心學習的人，必須記憶許多地名與葡萄品種名，選酒時才能不用借助他人。

法國夏布利、哲維瑞‧香貝丹（Gevrey-Chambertin）和薄酒來（Beaujolais）都是位於布根地地區（Burgundy, Bourgogne），好比那帕地區位於加州，而加州位於美國。

酒標列 Chablis 是地名＝ Chardonnay 是葡萄品種名＝Burgundy 或 Bourgogne 地區的白酒

酒標列 Beaujolais 是地名＝ Gamay 是葡萄品種名 ＝Burgundy 或 Bourgogne 地區的紅酒

酒標列 Gevrey-Chambertin 是地名＝ Pinot noir 是葡萄品種名＝ Burgundy 或 Bourgogne 地區的紅酒

來自法國的黑皮諾或夏多內90％不會在酒標上註明品種，也不會標示「布根地」的字樣，我們只能參考資料、勤背地圖或洽詢商家。近來許多法國平價酒商，為了行銷，開始清楚標示葡萄品種名。

● 2 侍酒師：經專業訓練後，擁有廣泛的酒知識，專精各式酒類服務。其主要工作為酒的採購、貯藏和管理酒窖，亦負責安排酒單、訓練餐廳的其他服務人員等。法國侍酒師需經國家考試。各國也都有專業認證機構。

蝦濃湯 *Shrimp Bisque*

份量	4~8 人份

Makes 4-8 servings

材料　1 杯以上的蝦殼（含頭）

1 大匙奶油

3 支青蒜，用白色及微綠部位，洗淨切丁（約 1½ 杯）

1 個胡蘿蔔（中等），切丁（約 3/4 杯）

2 支西洋芹，切丁（約 3/4 杯）

1 大匙濃縮番茄醬

6 oz./177ml 白蘭地

6 oz./177ml 白葡萄酒

2 片月桂葉

2 小支百里香

12 粒黑胡椒

4 杯蛤蜊汁（湯汁）

2 杯海鮮高湯（湯汁）

2 杯鮮奶油

1/2 杯米，洗過

16 隻蝦，切丁

2 小匙龍蒿

2 小匙奶油

適量的鹽和胡椒粉

1 cup shrimp shells with head

1 Tbsp. clarified butter

3 leeks,white and light green parts, diced and rinsed well (about 1½ cup)

1 medium carrot, diced (about 3/4 cup)

2 stalks celery, diced (about 3/4 cup)

1 Tbsp. tomato paste

6 oz. brandy

6 oz. white wine

2 bay leaves

2 sprigs thyme

12 black peppercorns

4 cups clam juice (liquid)

2 cups seafood stock or water (liquid)

2 cups cream

1/2 cup rice

16 shrimp, small diced

2 tsp. tarragon, chopped

2 tsp. butter

salt and pepper to taste

DIRECTIONS

1. Brown shells in butter until reddish, about 5 minutes.

2. Add leeks, carrots, celery, cooking until caramelized but not too brown. Add tomato paste, bay leaf and thyme. Cook about 2 minutes.

3. Add brandy and wine, and burn off alcohol. Add clam juice, cream, and water, bring to a boil and then simmer for 15-20 minutes. Strain.

4. Add 1/2 cup rice and tarragon. Season with salt and pepper and simmer until rice is cooked, about 15-20 min.

5. Puree mixture and adjust the consistency with clam juice.

6. To finish, sauté shrimp meat in 2 tsp. butter and season. Add to broth and season to taste with salt and pepper. Garnish with fresh tarragon (or parsley).

做法　1. 以奶油炒蝦殼約 5 分鐘，至呈紅色。

2. 續入青蒜、胡蘿蔔、西洋芹、蔬菜，炒至接近焦糖化（但不要太焦），接著加入番茄醬、月桂葉、百里香，約煮 2 分鐘。

3. 再加白蘭地和葡萄酒，炒至酒精燃燒掉，放入蛤蜊汁、鮮奶油和高湯，煮沸後，轉小火，續煮 15~20 分鐘。濾掉蝦殼及其他材料。

4. 加入 1/2 杯米、2 小匙龍蒿，並以鹽和胡椒調味後，煮 15~20 分鐘，直至米熟。

5. 調整濃稠度，必要時，可酌量添加蛤蜊汁。

6. 以 2 小匙奶油炒蝦仁，加入已煮好的湯，

調整鹽和胡椒，以龍蒿（或歐芹）裝飾，即可上桌。

TIPS ◎ 預先烹調：將米煮熟，再加入 4。整鍋湯提前一天做好，盡速降溫，置冰箱保存。

◎ 烹調變化：蝦或龍蝦非常適合搭配龍蒿，亦可依各人喜好使用其他香草料。若使用大量新鮮蛤蜊煮成海鮮高湯則可取代食譜中的全數（6 杯）湯汁。

⊙ To make ahead: Make one day ahead and cool down as soon as possible. Steam rice first before adding at stage 4.

⊙ Variations: Tarragon is good with shrimp or lobster; you can use other herbs too. Use fresh clams to make seafood stock to replace all (6 cups) liquid in this recipe.

香草料沙拉 *Herbs Salad*

份量	4 人份	Makes 8-12 servings

材料　1/4 杯歐芹葉
　　　3 大匙細葉芹
　　　2 大匙蝦夷蔥，切 3cm 長
　　　2 大匙龍蒿葉
　　　2 小匙百里香葉
　　　1 大匙韭菜（或百里香花）
　　　2 大匙香菜
　　　3 大匙蒔蘿
　　　1/2 杯捲鬚萵苣生菜（多取白葉）
　　　1 個茴香球，切細片
　　　2 大匙小酸豆，炸過

醬汁：
檸檬汁和橄欖油 1：2，適量鹽和胡椒粉

1/4 cup parsley leaves

3 Tbsp. chervil

2 Tbsp. chive tips, cut 1 inch long

2 Tbsp. tarragon leaves

2 tsp. thyme leaves

1 Tbsp. chive or thyme flowers

2 Tbsp. cilantro

3 Tbsp. dill

1/2 cup frisée lettuce (prefer inner white leaves)

1 fennel bulb, thinly sliced

2 Tbsp. capers, deep-fried

Dressing

1: 2 ratio of lemon juice and olive oil. Salt and pepper to taste.

紅酒燴雞 *Coq Au Vin*

份量	4 人份

材料

9 oz./250g 培根肉（約 6 片），切 2cm 長
2 大匙油
4 支雞腿
1 個大型洋蔥，切丁
2 個胡蘿蔔，切丁
1 大匙番茄醬（或 1 個去籽去皮新鮮番茄）
12 個蘑菇，去梗
1/4 杯白蘭地（可省略或以紅酒替代）
2 杯不甜紅酒（以布根地為佳）
2 杯雞湯（或 1 個罐頭）
1 小匙百里香（或 1 束新鮮的）
1 片月桂葉，整片
4 個大蒜
1 大匙奶油
1½ 大匙麵粉
1 大匙歐芹，切碎

做法

1. 將大燉鍋加熱，以橄欖油炒培根至微焦，撈起備用。

2. 鍋燒熱後，將雞腿擦乾，撒上鹽和胡椒，煎至呈焦糖色後，取出備用。

3. 將洋蔥、胡蘿蔔和蘑菇炒至微焦黃後，取出多餘的油。

4. 倒入白蘭地，以木製鍋鏟刮鬆鍋底沾黏物，待酒精蒸發，續入紅酒、雞湯，煮沸後，加入百里香、月桂葉和大蒜。

5. 將 1 和 2 放回鍋中，加蓋，轉小火慢燉（或放入 150℃〔300℉〕的烤箱），約 30~40 分鐘，直至雞肉熟透，先取出雞肉，置於保溫容器。

6. 轉大火，煮沸鍋內的湯汁，待汁液濃縮至原來的一半。另外均勻混合奶油和麵粉，再

Makes 4 servings

9 oz. bacon (about 6 slices), cut 2 cm long
2 Tbsp. oil
4 chicken legs
1 large onion, diced
2 carrots, diced small
1 Tbsp. tomato paste (or a peeled and seeded fresh tomatoes)
12 mushroom caps, stems removed
1/4 cup brandy (optional or substitute with red wine)
2 cups dry red wine (preferably Burgundy)
2 cups chicken stock (about one can)
1/2 tsp. thyme (1 sprig if using fresh)
1 bay leaf, whole
4 cloves garlic
2 Tbsp. butter
1½ Tbsp. flour
1 Tbsp. parsley, finely chopped

DIRECTIONS

1. Heat oil in a large Dutch oven. Sauté bacon until lightly browned. Remove bacon and set aside.

2. Pat-dry the chicken. Sprinkle the chicken on both sides with salt and pepper. Increase the heat to medium-high. Add the chicken to the fat remaining in the saucepan and brown well on all sides, about 5 minutes. Remove the chicken from the pan.

3. Add onions, carrots and mushrooms to the saucepan and sauté until browned. Remove extra fat from the pot.

4. Deglaze pot with brandy and continue cooking until alcohol burns off. Add wine and chicken stock. Bring to a boil. Add thyme, bay leaf and garlic.

5. Return chicken and bacon to the pan. Bring back to a boil. Cover and reduce heat to simmer or put in a 300℉ oven until chicken is done (about 30-40 minutes). Remove chicken from cooking liquid and set aside.

6. Continue cooking the liquid until reduced by 1/2. Mix butter and the flour. Beat into reduced liquid a little at a time. Just

逐次加入湯中勾芡（濃度夠稠則停止），最後加入適量的鹽和胡椒調味，再撒上歐芹，即可上桌。

enough to thicken the sauce lightly. Season with salt and pepper to taste. Garnish with parsley. Serve hot.

TIPS

◎ 預先烹調：提前一天做好（但別放歐芹），立即以冰水快速降溫後，置冰箱冷藏，待食用前以小火加熱後，上菜前才撒上歐芹。

◎ 烹調變化：以小珍珠洋蔥代替大洋蔥，約用 12~16 個。若使用紅蔥頭會有不同的香味，可增加大蒜用量。勾芡可用其餘芡粉混合冷開水（如：玉米粉、太白粉）。

⊙ To make ahead: Make it one day ahead but omit the parsley. Immediately cool with ice bath after cooking and store in refrigerator. Reheat over low heat before serving. Garnish with parsley.

⊙ Variations: Use small pearl onions (12-16 each) instead of large onions. Use shallot for a different flavor. Increase the amount of garlic. Use other starch mix with water instead of flour mix with butter. (Example: corn or potato starch.)

法式可麗餅 *Crêpes*

份量	4 人份	Makes 4 servings

材料　1 杯麵粉
　　　2 大匙糖
　　　1 小匙鹽
　　　3 個雞蛋，室溫
　　　1 小匙香草精
　　　2 大匙奶油，融化為呈液狀
　　　1½ 杯牛奶，室溫

1 cup flour
2 Tbsp. sugar
1 tsp. salt
3 eggs, room temperature
1 tsp. vanilla extract
2 Tbsp. melted butter
1½ cups milk, room temperature

做法　1. 所有材料（奶油除外）以果汁機或打蛋器攪打均勻，最後才加入奶油繼續混勻，再以細篩網過濾後，靜置至少 1 小時，或冷藏至隔夜，待使用前 1 小時自冰箱取出。
　　　2. 以中火預熱煎餅專用鍋（平底鍋亦可），輕刷一層薄薄的奶油，倒入 30~45ml 麵糊，迅速轉動鍋子讓麵糊均勻塗滿鍋面。煎 25~30 秒，至顏色轉淺棕色，翻面再煎 5 秒，即可起鍋享用。

DIRECTIONS

1. Whisk together all ingredients except butter. Stir in the melted butter. Cover and set aside to rest for at least 1 hour before cooking or refrigerate overnight.
2. Heat a small sauté pan; brush lightly with clarified butter. Pour in 1-1/2 fluid ounces (30-45 milliliters) of batter; swirl to coat the bottom of the pan evenly. Cook until set and light brown, approximately 25-30 seconds. Flip it over and cook another 5 seconds longer. Remove from the pan.

TIPS　◎ 預先烹調：熟薄餅可立即享用或加蓋後置於烤箱低溫保溫；亦可於冷卻後，以保鮮膜包覆，放入冰箱，冷藏保存 2~3 天或冷凍數週。
　　　◎ 烹調變化：薄餅鹹甜皆宜，若要做成鹹口味則可省略糖的用量。煎餅可當早餐、點心、零嘴小吃，甚至聚餐或派對，餡料可以盡情發揮創意。將薄餅層層重疊，之間塗上喜愛的果醬，或做成狀似千層蛋糕的千層薄餅（Mille Crêpe），亦可在麵糊中加入切細的香草料。

⊙ To make ahead: Cooked crêpes may be used immediately or covered and held briefly in a warm oven. Crêpes can also be wrapped well in plastic wrap and refrigerated for 2-3 days or frozen for several weeks.
⊙ Variations: Crêpes can be prepared sweet or savory. To make them savory, omit sugar in the recipe. Crêpes could be breakfast, dessert, snacks, or even potluck or by being creative on the filling. You can put your favorite jam in between layers to make a cake like Mille Crêpes. You can also add finely chopped herbs to batter.

橙汁薄餅 *Crêpes Suzette*

份量	4 人份	Makes 4 servings

材料
4 人份法式可麗餅（見 148 頁）
6 大匙奶油
1/4 杯細糖
1 個檸檬的汁
2/3 杯新鮮柳橙汁
1 個柳橙的皮（只取橘色部分），切條狀
1/4 杯橙酒 ＊3（酒精成分 40%）
適量柳橙果肉（裝飾用）
4 球香草冰淇淋

4 servings of already made Crêpes (see p.148)
6 Tbsp. unsalted butter
1/4 cup superfine sugar
juice of 1 lemon, plus peel, only yellow part
2/3 cup fresh orange juice
1 orange peel (orange color part), sliced
1/4 cup orange liqueur (Grand Marnier)
orange segments, to decorate
4 scoops of vanilla ice cream

做法
1. 將薄餅對摺兩次呈三角形，備用。
2. 以平底鍋加熱奶油後，將糖炒至開始變黃時，立即倒入檸檬汁、柳橙汁、橙皮，待醬汁煮沸，將 *1* 放入續煮，直至醬汁均勻分布於薄餅。
3. 離火後才倒入橙酒，再將鍋子放回爐上，輕微傾斜鍋子，以便鍋內酒精起火，燃燒多餘酒精。
4. 趁熱裝盤，搭配香草冰淇淋和柳橙果肉，並淋上醬汁。

DIRECTIONS

1. Fold crêpes twice into triangle shape, and set aside.
2. Heat butter in a skillet, add sugar and cook until the sugar has melted and turns lightly brown. Immediately add lemon, orange juice and orange peel. Bring the sauce to a boil. Add folded crêpes and arrange sauce to coat evenly.
3. Remove skillet from flame. Add orange liqueur and return skillet to flame. Slightly tip the skillet to bring alcohol close to the flame and burn off the excess alcohol.
4. Remove the crêpes to a warm serving plate. Top with vanilla ice cream, orange segments and sauce. Serve immediately.

TIPS
◎ 預先烹調：做好醬汁、備好全部食材，待上甜點前，再完成其餘步驟。
◎ 烹調變化：若對於鍋中燃燒酒精沒有把握，則單純地將所有材料一起煮成醬汁，煮的時間稍延長，以便蒸發酒精，最後再放薄餅即可。但這樣做出來的薄餅沒有焦糖的香味。

⊙ To make ahead: Sauce can be made ahead before adding liqueur. Prepare others ingredients to be ready. When serving, heat up the sauce, and then complete the remaining steps.
⊙ Variations: If you are not sure about burning alcohol in skillet, you can simply combine butter, sugar, lemon orange juice, peel and orange liqueur together and bring to a boil. Cook a little bit longer to let alcohol evaporate before add folded crepes.

＊3 橙酒：以法國干邑酒為基底加柳橙皮調味後，經發酵蒸餾而得的甜釀。建議使用柑曼怡（Grand Marnier）。

派對籌備工作倒數 Check List

◆ 倒數 48~24 小時
購足所有食材。做好法式可麗餅。做好蝦濃湯及紅酒燴雞。

◆ 倒數 4~2 小時
備好餐具、杯子、開瓶器及飲用水。

◆ 倒數 2~1 小時
確定已將白酒或啤酒放入冰箱（或更早），打開紅酒。確定已做好蝦濃湯及紅酒燴雞。

◆ 倒數 60~30 分鐘
預熱用餐碟盤、冰鎮沙拉盤。備好沙拉，醬汁先置一旁。做橙汁薄餅。

◆ 倒數 30~20 分鐘
將白酒從冰箱中取出，紅酒放進冰箱。

◆ 用餐時刻
將紅酒從冰箱中取出，白酒放冰水浴，倒上飲品。沙拉拌入醬汁開始上菜。

{ ITALIAN

西西里媽媽
義大利的鮮美風情

野菇濃湯

身處義大利佛羅倫斯的廣場上，我想像著：此刻正進行著文藝復興時代的盛宴，我的偶像達文西（Leonardo da Vinci, 1452~1519）穿著寶藍色的絲絨長袍，穿梭於群客之間製造話題。擁有多項才藝的他，也是個辦宴會的高手，應該有個左右腦並用的新思維，並且充滿好奇心。對他而言，生活享樂是個不容忽視的技能，而且必須經過學習。義大利有屬於貴族的美食也有平民料理。較富裕的北義靠近瑞士、法國，多食米飯（Risotto）、玉米粥（Polenta）和鮮奶油醬汁；南義則是多麵食、Pizza、番茄、橄欖油，鄉土味料理各具特色。

Cosima 的女兒在農民市場有一個攤位，販售當地現榨的新鮮橄欖油，以及獨製的風乾番茄[*1]，Cosima 總是來幫忙。她會意到我對橄欖油新鮮度的追根究柢，應是對食材很講究的人，要我嘗遍所有商品，臨走時，又塞了幾片獨製的風乾番茄給我。從此我成了她的常客。我問她是否來自義大利南部，耶誕節是不是吃「七魚宴[*2]」？結果 Cosima 非僅娘家來自西西里，我還聽到了更多有趣的故事。

Cosima 回憶中的母親總是愉快地邊哼唱歌曲邊做菜，每天放學回家，灶上總是煮著別家沒有的特別料理，前天是豬舌、豬耳，今天又換成豬心和內臟，這些化腐朽為神奇的美味，全來自父親經營的肉販店，因為肉販人家總會有些客人沒挑到或是不想要的好料，拿回家就把它們全都變成珍

肴。有一回她掀開一鍋以為要當晚餐的鍋子，驚見一個豬頭正浸在熱騰騰的水蒸氣裡微笑——原來父親準備要做「豬頭肉凍」（Head Cheese），害得她魂飛魄散，再也不敢亂掀鍋蓋。

義大利媽媽有雙神奇的手，昨夜吃剩的燉飯，到了今天就變成可口的炸飯糰，一口咬下時，裡面甚至還有拔絲的乳酪；剩下的麵包加入番茄湯裡熬煮，既可增加濃稠度又別有風味；加在肉丸子裡，再不然就是將麵包屑放入義大利麵裡、撒在烤物上，變出一道道酥脆料理。 總之，就是一點也不願浪費，連盤中最後一點醬汁都要用麵包擦淨吃掉。Cosima 的母親說，點點滴滴的食物都是老天恩賜。聽著她的描述，讓我彷彿回到童年，長輩反覆叮嚀碗裡連一顆米粒都不准剩的情景。研究一下現在的義大利食譜中出現的那些不一定要添加的剩菜料理食材，為了做這道食譜，常常還要另外購買來添加；世界各國也都有許多

◆ 1 日曬或風乾脫水番茄：市售脫水番茄乾有日曬乾燥及油漬兩種。脫水番茄乾需先浸泡清水後再使用，而油漬番茄乾能立即使用，甚至當作前菜直接吃，是義大利菜常見食材之一。

◆ 2 七魚宴（Feast Of The Seven Fishes）：源於義大利南部，是舊時代羅馬天主教的傳統，因耶誕節前夕晚餐禁止消費任何肉類或奶製品，通常到午夜十二點後才能煮香腸或其他肉類，而逐漸發展出來。其靈感來自七個美德：信仰、希望、慈善、節制、謹慎、堅韌和正義。這七魚通常包括七種不同的海鮮菜肴，有時多達 9、11 或 13 種，由於不能使用奶油，而以橄欖油等植物油烹調，據說至今義大利南部及西西里人還持續這樣的慶祝方式。這頓飯的組合包括鯷魚、沙丁魚、鹽鱈魚乾（Dried Salt Cod）、鰻魚、魷魚、章魚、蝦、蚌、蛤，以及麵食、蔬菜、烘焙食品和自釀的酒。現代版則多加了龍蝦、蟹肉和牡蠣。

從剩菜演變過來的料理，例如：麵包布丁，讓已經乾了的各式麵包浸泡蛋汁及鮮奶油調味後去烤，慢慢變成流行的一道菜，都是來自不同母親勤儉持家的產物。

Cosima 嫁到美國後，在家門前的花園種植很少人見過、長相極端醜陋的朝鮮薊（Artichoke），老惹來不相識的路人詢問，讓她的孩子被鄰居當笑話，孩子都覺得尷尬。Cosima 卻把朝鮮薊種得碩大，然後開心地收成這種來自家鄉的獨特蔬菜。如今，朝鮮薊廣植於加州各地，猶如散播至全世界的義大利菜，已被廣泛地複製並且受到喜愛。

Cosima 的曾祖父來自義大利「豬肉之都」諾爾恰鎮（Norcia），在舊時代裡是宰豬的屠夫，特別擅長醃製豬肉，他們有這項手藝就必須出門為客戶服務。在冬天製醃肉的季節到全國各地旅行，為人宰豬整治香腸、火腿，直至春天才返家。所以來自諾爾

蛤蜊汁扁意麵所使用的蛤蜊汁

恰鎮的宰豬屠夫聲名傳遍義大利，義大利人乾脆將醃製豬肉、野豬肉販這手藝的行業冠上諾爾恰鎮名，通稱為「諾爾恰豬販」（Norcineria），這個名稱是不同於什麼肉都賣的「恰庫德里」（Charcuterie）。歐洲最負盛名的 Charcuterie 在德國。慕尼黑最熱鬧的市中心裡，可以看到一整條街都是肉販店相連的奇觀景象，店裡就掛滿各種肉類製成的香腸、火腿、醃肉，還有各式熟食，乍看之下會讓人納悶德國人是真的天天吃香腸。

義大利高品質的火腿禁用硝酸，且必須經過認證。其中最為人稱道的是來自帕瑪（Parma）的帕瑪火腿（Prosciutto Di Parma），普遍被用於高級料理，媲美中國的金華火腿。當買不到金華火腿時，義式火腿（Prosciutto Ham）就成了最佳候補品。雖然有人用維吉尼亞火腿（Virginia Ham）來替代，然而有些維吉尼亞火腿經過煙燻處理，與金華火腿和義式火腿的風味截然不同。

這些為保存食物而發展的各種方法，所換來的獨特風味，是新鮮食材無法比擬的。無論風乾、鹽漬、煙燻、泡製，都教人容易上癮，就算健康專家不斷呼籲要攝取新鮮食材、少食再製食品，但是每次走進義大利餐廳，我仍然抗拒不了醃製肉的前菜（Antipasto）註3的誘惑。

我在廚藝學校畢業前的實習，是在美國高爾夫公開賽最有名的圓石灘球場（Pebble Beach）裡的義大利餐廳「Pèppoli」，那時正值冬天自製醃肉的季節，當時的義大利裔主廚 Aturo 連續幾天都忙於製作醃肉。這可不是所有大廚都敢嘗試的技法，從製作現場到陳放的溫度和溼度，以及通風與否，每個細節都得掌握住；尤其義式臘腸（Salami）必須風乾數月，如何保存不致腐壞，就成了極大的挑戰。看似威嚴的 Arturo 主廚，其實非常慈心，看我頻繁發問有關製作醃肉的問題，最後決定傳授義式培根（Pancetta）食譜給我當禮物。這道醃製料理不用煙燻，風味又好，每每想起這份食譜，都令我會心微笑，因為當時 Arturo 主廚將我的用功全看在眼裡。Arturo 說：「火腿醃肉好不好吃與切得薄不薄也有著相當的關係……。」

因為移民美國多年，儘管 Cosima 在耶誕節前夕不一定會煮足七種魚，但絕少不了海鮮大餐。我想，偶爾在耶誕節前來頓海鮮大餐，或許能感受義大利風情的另一番滋味。

義大利醃肉

辦桌檔案

[主題] Viva Italia!

[主廚] Miggi Demeyer

[菜單] 綜合海鮮沙拉、白酒蛤蜊扁義麵、菠菜乳酪湯糰、鹽殼烤全魚、阿法淇朵、托斯卡尼脆餅。

[攝影] Michael Demeyer

菜單設計

這幾道菜做法很簡單，且以海鮮為主，仿「七魚宴」精神。我烹調過最淋漓盡致的義大利菜是義式龍蝦水餃（Lobster Ravioli），先以雞蛋、菠菜、甜菜做成三個顏色的麵皮，再以龍蝦殼熬煮高湯，將龍蝦殼、洋蔥、西洋芹和胡蘿蔔以奶油炒香，加入適量白蘭地酒後，拌炒至酒精完全揮發，再入清水，煮沸後，轉小火慢燉。在鍋內放個架子，讓龍蝦肉以小火蒸熟後，立即放涼。龍蝦高湯則煮至濃縮為原本的一半，加入鮮奶油後續煮。起鍋後，先過濾、調味，再加入適量吉利丁，放入冰箱冷藏兩小時或至隔天，使濃縮高湯呈果凍狀就能連同龍蝦肉一起包成大大的方形水餃。

這樣做出來的義式龍蝦水餃無需沾醬，頂多撒點陳年的帕馬森乳酪，上桌時，以刀子輕輕一劃，高湯內餡流出來，鮮美得教人跺腳，保證難忘！龍蝦當然以野生的味道最鮮美。差別在於，我沒有提到如何處理龍蝦。勇氣可嘉的人若想嘗試親手宰殺龍蝦，要有相當的心理準備。相較之下，選擇將整隻龍蝦直接放入一大鍋熱水中，或許容易許多，但是蝦殼的精華與美味，全溶於水中，最後往往被倒掉，實在可惜。

莫札瑞拉乳酪（Mozzarella）是最被普遍使用的義大利乳酪，例如，Pizza 烤完後可以拉起長長的拔絲，就是莫札瑞拉所賜。番茄乳酪沙拉（Insalata Caprese）是一道非常容易準備的前菜，通常選用質地柔軟的莫札瑞拉水牛乳酪（Mozzarella di Bufala），一片新鮮番茄、一片乳酪、一片羅勒葉，紅白綠相間整齊地疊放在盤內，最後淋上紅酒醋、上等橄欖油，再撒些胡椒和鹽，即可上桌品嘗。莫札瑞拉有新鮮、微乾、煙燻之分。做 Pizza 的莫札瑞拉是微乾型，較不適合用於這道前菜，所以不同的菜色應搭配不同的莫札瑞拉乳酪。

酒類搭配

　　義大利釀酒哲學裡，將葡萄酒用於佐餐的目的非常明顯，因而白酒通常輕盈爽脆，少有釀得很濃郁的。最輕盈的灰皮諾（Pinot Grigio, Pinot Gris）是佐餐最佳夥伴，尤其搭配海鮮大餐，灰皮諾不會搶奪食物的風味。而新世界國家釀的夏多內比法國酒濃郁許多，釀製手法若經過橡木桶陳放，還有特別捕捉二次發酵後的奶油香，搭配起清蒸淡煮的海鮮也是會搶味的。

　　義大利普賽寇（Prosecco）和阿斯堤（Asti）都不是以傳統製造香檳的方法釀造，所以成本較低，微甜的阿斯堤很容易討人歡心，若與食物搭配時，這個甜就不是首選。另外，義大利還有多種古老的品種在排隊等我們去認識。

　　紅酒除了托斯卡尼的奇揚替，還有以山吉歐維列品種的直系親屬布雷諾（Brunello）為主所釀的酒，例如，蒙塔奇諾布雷諾（Brunello Di Montalcino），山吉歐維列的特色是較一般紅酒的酸度高，酒體中等，因此容易與其他食物搭配。

　　把山吉歐維列拿來與傳統以外的品種搭配，或脫離法訂混合葡萄的比例釀製出的酒，為非官方設立的品牌類別名，稱作「超級托斯卡尼」（Super Tuscany），通常是小批量產且較高價的酒，試圖增加創意和挑戰傳統，由於混種後的不定性，在與食物的搭配上，就要另當別論了。

綜合海鮮沙拉 *Assorted Seafood Salad (Insalata Frutti di Mare)*

份量	4~6 人份

Makes 4-6 servings

材料　6 大匙橄欖油，分次使用
　　　1 支西洋芹，切碎
　　　2 個大蒜，切碎
　　　3/4 小匙紅辣椒片（或酌量增減）
　　　4 oz./113g 干貝（或小干貝）
　　　4 oz./113g 大對蝦（約 8 隻），去殼、尾和腸泥
　　　0.5 lb./227g 小卷（或中卷），切 1cm 寬管狀
　　　6 大匙鮮榨檸檬汁（約 2 個檸檬）
　　　1/4 杯歐芹
　　　4 小匙剁碎檸檬皮（約 2 個檸檬）
　　　適量的鹽和現磨黑胡椒粉
　　　2 個中等檸檬切片（裝飾用）

6 Tbsp. olive oil, divided in half
1 stalk celery, thinly sliced
2 cloves garlic, minced
3/4 tsp. crushed red pepper flakes, or to taste
4 oz. bay scallops (or small sea scallops, halved crosswise)
4 oz. large shrimp (31/35 count), peeled, deveined, tails removed (about 8 shrimp)
1/2 lb. squid with tentacles, cleaned (bodies cut into 1/2 inch thick rings, tentacles left whole)
6 Tbsp. freshly squeezed lemon juice (about 2 lemons)
4 tsp. finely minced lemon zest (about 2 lemons)
1/4 cup parsley
salt and freshly ground coarse black pepper, to taste
2 medium lemons cut in wedges, for garnish

做法　1. 轉中火，以 3 大匙橄欖油，熱炒西洋芹、大蒜、辣椒片約 30 秒。
　　　2. 加入干貝和蝦，煮 3 分鐘，至蝦呈粉紅色，干貝剛熟透。
　　　3. 拌入小卷，續炒 1 分鐘。
　　　4. 將炒好的海鮮盛至大碗，倒入檸檬汁、剩餘 3 大匙橄欖油、切碎檸檬皮及歐芹，拌勻後，以鹽和胡椒調味、以檸檬片裝飾即可。

DIRECTIONS

1. Use half of the olive oil to sauté celery, garlic and pepper flakes over medium-high heat, about 30 seconds.
2. Toss in the scallops and shrimp; cook just until the shrimp are pink and the scallops are almost cooked through, about 3 minutes.
3. Stir in the squid and cook one minute more.
4. Transfer the seafood to a large bowl; pour the lemon juice over the seafood, then drizzle with the remaining olive oil. Add the zest and parsley, and then season to taste with salt and pepper. Garnish with lemon wedges and chopped parsley.

TIPS　◎ 預先烹調：於 4 小時前做好，快速冷卻後置於冷藏保存。
　　　◎ 烹調變化：這道菜可在炒完後立即食用，亦可置於常溫下或冷藏後當冷盤食用。另外，可依喜好增加龍蝦或蟹肉。

⊙ To make ahead: Make it 4 hours ahead and store chilled.
⊙ Variations: Delicious served warm, at room temperature, or chilled. Add lobster or crab meat.

白酒蛤蜊扁義麵 *Pasta with Clam Sauce (Linguine con Le Vongle)*

份量	4~6 人份

材料　2 小匙鹽

16 杯清水（或一大鍋）

1 lb./454g 扁義大利麵

2 大匙特純橄欖油

1/2 個白色（或黃色）洋蔥，細丁

4 個大蒜，切成薄片

1 大匙新鮮奧勒岡（或 1.5 小匙乾燥的奧勒岡），切碎

1/2 小匙碎紅辣椒片（酌量增減）

1 杯白酒

1/2 杯蛤蜊汁

2 lb./907g 新鮮蛤蜊，需吐砂且刷洗乾淨

1/2 杯鮮奶油

1 大匙鮮榨檸檬汁

1/4 杯平葉歐芹（額外裝飾），切碎

適量鹽和現磨黑胡椒

做法　1. 在清水中，加入 2 小匙鹽，煮沸後，放入義大利麵，煮 8~9 分鐘，至麵條熟透且有咬勁。

2. 撈起麵條，加入 1/3 杯煮麵水，備用。

3. 另起煎鍋，以油將洋蔥炒至軟而透明，約 4~5 分鐘，再入大蒜、奧勒岡、紅辣椒片，續煮約 1 分鐘。

4. 加入白酒和蛤蜊汁，轉小火，煮 2~3 分鐘後，再放入蛤蜊，煮 5 分鐘，直至蛤蜊打開（丟棄未開的）。

5. 拌入鮮奶油和檸檬汁，煨煮 1~2 分鐘，直至醬汁增厚，加入熟麵條和歐芹，並加入適量鹽和胡椒調味。撒上額外切碎的新鮮歐芹裝飾。

Makes 4-6 servings

1 1/2 tsp. salt

4 quarts water

1 lb. linguine

2 Tbsp. extra-virgin olive oil

1/2 medium white or yellow onion, finely diced

4 cloves garlic, thinly sliced

1 Tbsp. fresh oregano (or 1 1/2 tsp. dried oregano), chopped

1/2 tsp. crushed red pepper flakes, or to taste

1 cup dry white wine

1/2 cup clam juice

2 lbs. fresh clams, purged in water and scrubbed

1/2 cup heavy cream

1 Tbsp. freshly squeezed lemon juice

1/4 cup flat-leaf parsley (plus extra for garnish), finely chopped

salt and freshly ground black pepper, to taste

DIRECTIONS

1. In a large stockpot, bring salted water to a rolling boil over high heat. Pour in the linguine all at one time, cook until tender throughout but with a slight bite, about 8-9 minutes.

2. Drain the pasta, reserving 1/3 cup of the cooking liquid. Return the pasta to the pot and toss with the cooking liquid; cover and set aside until needed.

3. Heat a large sauté pan over medium- high heat; add the oil and heat through. Toss in the onion, stirring often, until tender and translucent, about 4-5 minutes. Add the garlic, oregano, and red pepper flakes and continue cooking for 1 minute more.

4. Add the wine and clam juice; simmer for 2-3 minutes. Add the clams and cook, covered, until the clams just open, about 5 minutes. Discard any unopened clams.

5. Whisk in the cream and lemon juice; simmer until slightly thickened, about 1-2 minutes. Add the cooked pasta and parsley; toss to coat. Taste, and adjust the seasoning with salt and pepper. Serve and garnish with the additional chopped fresh parsley.

TIPS   ◎ 確定蛤蜊在煮之前已吐沙，且刷洗乾淨。若需吐沙，則將蛤蜊置於鹽水中，放入冷藏約 1 小時（不用加蓋），再以自來水沖洗，並以廚房硬刷擦洗蛤蜊，以去除任何剩餘雜質。

◎ 煮好後，蛤蜊要留在殼內或取出皆可，依喜好裝盤。

⊙ Note: Because clams live in sand, they must first be purged of sand and/or any impurities before you cook them. If the fish market has not already purged them, you can purge them yourself. To purge clams, place them in a large bowl, then cover with a solution of 1 cup salt to 3 quarts cool water; sprinkle in 3 tablespoons of cornmeal. Place the bowl, uncovered, in the refrigerator for 1 hour. After purging, gently lift the clams out of the salt water and place in a colander; rinse under cool running water to remove any remaining impurities. Scrub with a stiff kitchen brush before proceeding with recipe.

菠菜乳酪湯糰 *Spinach and Ricotta Gnocchi (Malfatti)*

份量	4~6 人份

Makes 4 servings

材料　10 oz./283g 菠菜
　　　1 杯瑞可它乳酪
　　　1 杯中筋麵粉
　　　1/2 小匙鹽
　　　1/4 小匙黑胡椒，現磨
　　　1/2 小匙荳蔻粉，現磨
　　　1/2 杯帕馬森乾酪，磨成粉，分批使用
　　　1 束鼠尾草，切條
　　　4 大匙奶油或橄欖油

10 oz. spinach (After cooking and draining, about 1 cup)
1 cup ricotta cheese
1 cup all-purpose flour
1/2 tsp. salt
1/4 tsp. black pepper, freshly ground
1/2 tsp. nutmeg, freshly ground
1/2 cup parmesan cheese, grated, divided
1 bunch sage, cut in 1/4 inch strips
4 Tbsp. butter

做法　*1.* 建議在做湯糰的前一天，確定瑞可它乳酪是否太濕，以免湯糰無法正確成形。若需去除水分，則將紗布或紙巾置於篩子上，再放瑞可它乳酪，置於可接水的杯子或碗，整個冷藏 8~24 小時，以瀝除多餘水分。

2. 將菠菜以加鹽的沸水汆燙後，立即以冰水冷卻，瀝乾水分後切碎（瀝得越乾越好）。

3. 續入瑞可它乳酪、鹽、胡椒、現磨荳蔻粉和 1/4 杯帕馬森乾酪粉混合，均勻地放入過篩的麵粉，形成麵糰。

4. 麵糰分成四等份，於桌上揉成直徑約 4cm 的長條後，切成 2cm 寬，以掌心揉成橢圓形小湯糰，個別放置，並撒上麵粉，以免彼此沾黏。

5. 將湯糰放入加鹽的沸水，煮至湯糰浮於水面，即可撈起，放在準備上桌的盤中。

6. 另起小鍋，將奶油加熱至呈棕色，加入鼠尾草爆香後，淋於湯糰上，最後撒上剩餘的帕馬森乾酪即可。

DIRECTIONS

1. Make the gnocchi the day before. Make sure Ricotta cheese is not too wet. If the curd is too wet, put a cheese cloth or paper towel on top of the strainer and put in Ricotta cheese. Have a cup or bowl under to catch the liquid. Put in the refrigerator for 8-24 hours to drain off excess water.

2. Cook the spinach in boiling salted water; then cool immediately in ice-cold water. Chop finely and drain well. The drier, the better.

3. Mix the spinach, ricotta cheese, salt, pepper, nutmeg, and Parmesan cheese together just until blended and sift the flour over the mix to form dough.

4. Divide the dough into 4 equal pieces. Roll each piece between your palms and the work surface into a 1-inch-diameter rope. Cut the dough into 1/2-inch pieces. Roll each piece of dough over a wooden paddle with ridges or over the tines of a fork to form grooves in the dough.

5. Cook the gnocchi in a large pot full of boiling salted water. Gnocchi will float to the surface when it is done. Using a slotted spoon, transfer the cooked gnocchi to the warm serving bowl.

6. Brown the butter and add the sage until the fragrance is released. Put butter and sage on top of the gnocchi, top with the other 1/4 cup parmesan cheese and serve.

TIPS ◎ 預先烹調：若不想一次煮完所有湯糰，可以冷凍保存。在湯糰之間撒麵粉，確定彼此分開，以托盤放置，放入冷凍約 5 分鐘，待變硬後，即可改用塑膠袋密封保存。食用前移至冷藏完全解凍（需 1~2 小時）後再煮，煮法與新鮮的一樣。

◎ 烹調變化：隨喜好任意變化其他味道，例如，嘗試加入焦糖化洋蔥、番茄乾至湯糰內。請注意：瑞可它湯糰的質地很細緻，加入其他食材將改變口感，但要切記，要加入的其他材料都必須瀝乾水分。

⊙ To make ahead: Make the gnocchi one week before serving. Sprinkle flour between them and spread out on a tray. Put in freezer for about 5 minutes until hardened. Then put them in a plastic bags, sealed well. Thawed completely in the refrigerator (1-2 hours required) and cook.

⊙ Variations: You can add other flavors as you like. For example: caramelized onions, or dried tomatoes in gnocchi, but the texture will change. The original Ricotta gnocchi texture is delicate. Adding other things will change the texture. Make sure to drain off excess water with any ingredients you plan to add.

鹽殼烤全魚 *Whole Fish Baked in Salt Crust*

份量	4 人份	Makes 4 servings

材料　1 隻魚（約 3 lb./2kg），石斑、鯛魚、鯖魚、
　　　嘉臘、鱸魚、活鱒魚皆可
　　　4 個蛋白（或更多）
　　　2 杯粗鹽（亦可細粗鹽各半，約魚的兩倍）
　　　1 束新鮮百里香（或月桂葉或時蘿）
　　　4 大匙新鮮橄欖油
　　　1 個檸檬，切塊

1 whole 3-pound fish such as snapper, sea bass, mackerel, bass, or trout

4 egg whites or more

2 cups coarse salt, or use double the weight of the fish

1 bunch fresh thyme(rosemary or dill)

4 Tbsp. extra virgin olive oil

1 lemon, cut into wedges

DIRECTIONS

做法　1. 將烤箱預熱至 232℃（450℉）。
　　　2. 烹調全魚時，必須確保內臟已去除，剪掉
　　　鰓和鰭，保留頭部和尾部，沖洗後拍乾。
　　　3. 將整束百里香塞進魚肚。小心不要塞過滿，
　　　這樣可以恢復自然的魚形，同時增加香味。
　　　4. 將蛋白打散與粗鹽混合均勻。
　　　5. 選用可進烤箱且直接上桌的盤子，將 1/3 的
　　　鹽平鋪於盤中，約 2.5cm 厚，放魚，再以剩
　　　餘的鹽蓋住魚的身體（頭尾除外），確定包
　　　好魚肚。
　　　6. 放入烤箱烤 17~25 分鐘（若要精確，需以
　　　溫度計測量魚的內部溫度為 57℃〔135℉〕）。
　　　待完成後，靜置 5 分鐘，於上菜時敲碎鹽殼，
　　　小心取下魚皮，再淋上檸檬汁和少許橄欖油
　　　即可。

1. Preheat oven to 450℉ .

2. Clean and gut fish, remove top and bottom fins, scale and remove gills; pat dry inside and outside.

3. Place thyme in body cavity and set aside. Being careful not to overfill it. This will both restore the bass to its natural shape and give it a right flavor.

4. Whisk egg whites and fold in salt

5. Place 1/3 of egg white mixture on a large platter, suitable for oven-to-table use should be about one inch or 2.5 cm thick. Place fish on top of mixture and spoon remaining mixture over top of fish exccept the head and the tail.

6. Place fish and platter in oven and bake for 17-25 minutes. (Or use accurate thermometer, measure the fish's internal temperature 135℉ .) Remove from oven; let stand for 5 minutes, then strike crust to crack. Carefully remove salt crust and skin drizzle with a little lemon juice and olive oil and serve immediately.

TIPS　◎ 預先烹調：不建議預先烹調。
　　　◎ 烹調變化：魚表面加大蒜和其他切碎的香草料，如歐芹、
　　　蒔蘿；魚肚內可多放檸檬片、橘子片或迷迭香。請注意：
　　　魚肚不宜塞得過多，以免包鹽時，鹽會擠入魚肚內。

⊙ To make ahead: Best served immediately.

⊙ Variations: Put finely chopped garlic, parsley or dill on top of the fish before the salted crust. Add lemon or orange slice or rosemary to stuff the cavity of the fish, being careful not to overfill it.

阿法淇朵[*2] *Affogato with Biscotti*

份量	1 人份

材料　香草冰淇淋，每人份 1~2 勺
義式濃縮咖啡，每人份 30ml
義大利脆餅

做法　準備一人一份的玻璃杯，先舀入冰淇淋，每
杯倒入 30ml 的濃縮咖啡，最後放上一片義大
利脆餅即可。

Makes 1 serving

Vanilla ice cream, 1-2 scoops
Espresso, 1 oz.
Biscotti

DIRECTIONS

Scoop ice cream into a serving glass. Pour one shot of espresso 30
ml (1 US fluid ounce) over ice cream. Top with Biscotti and serve
immediately.

*2 阿法淇朵：義大利著名甜點，「Affogato」即「淹沒」之意，
完美結合香草冰淇淋與濃縮咖啡，形成冷暖交融、甘苦兼具的
口感。

托斯卡尼脆餅 *Tuscan Biscotti*

份量	16 片

材料
- 3/4 杯糖
- 2 杯麵粉
- 3 個雞蛋
- 1½ 小匙發酵粉
- 1/2 小匙肉桂粉
- 1 杯杏仁
- 2 小匙香草精

做法
1. 烤箱預熱至 180℃（350℉）。
2. 將麵粉、糖、發酵粉和肉桂拌勻。
3. 另取一個容器，混合蛋和香草精。
4. 將 3 和 2 混合後，加入杏仁，攪拌至麵糰均勻。
5. 麵糰均分兩半，約 9~12 吋長。置於抹油的烤盤，約烤 25 分鐘至成型。
6. 靜置 5 分鐘，待涼後，小心地轉移至砧板後，切成 0.5 吋寬的對角線片狀。
7. 放回烤箱，進行第二次烘烤，以 165℃（350℉）烤 9 分鐘後，翻面再烤 9 分鐘，直至酥脆。
8. 取出後，置於架上，直至完全冷卻後，儲存於密封容器。

Makes 16 pieces

- 3/4 cup sugar
- 2 cups flour
- 3 each eggs
- 1½ tsp. baking powder
- 1/2 tsp. ground cinnamon
- 1 cup whole almonds
- 2 tsp. vanilla

DIRECTIONS

1. Preheat oven to 350℉ .
2. Combine flour, sugar, baking powder and cinnamon.
3. In a separate bowl, whisk eggs and vanilla.
4. Fold egg mixture into the dry ingredient mixture. Add almonds. Keep stirring till the dough is stiff.
5. Split the dough in half. Shape into two equal-sized logs about 9-12 inches long. Place logs on lightly greased cookie sheet. Bake for 25 minutes, or till firm.
6. Cool on cookie sheet about 5 minutes, then carefully transfer to a cutting board. Cut each loaf into 1/2 inch-wide diagonal slices.
7. Place slices back on the cookie sheet. Bake for second time at 325℉ for 9 minutes.
8. Turn cookies over, bake until it dry and crunchy about 7-9 minutes. Cool completely, then store in an airtight container.

TIPS
◎ 預先烹調：預先烤好脆餅，乾燥存放約可保鮮一星期。
◎ 烹調變化：塑型成 8~10cm 寬的長條，增加 1/4 杯蔓越莓乾。或以花生替代杏仁。亦可省略蔓越莓乾。

⊙ To make ahead: Baked biscotti can be stored in an airtight container for a week (because it doesn't contain butter).
⊙ Variations: Shape into one log 8-10 cm wide. Add 1/4 cup dried cranberries. Use peanuts to replace all or part of the almonds.

派對籌備工作倒數 Check List

✦ 倒數 12~2 小時

購足所有食材。做好托斯卡尼脆餅。

✦ 倒數 4~2 小時

備好餐具、杯子、開瓶器及飲用水。備好菠菜乳酪湯糰。將綜合海鮮沙拉做好後放冰箱。

✦ 倒數 2~1 小時

確定已將白酒或啤酒放入冰箱（或更早），打開紅酒，備好所有食材。

✦ 倒數 60~30 分鐘

開始預熱烤箱，燒一大鍋水準備煮菠菜乳酪湯糰及扁義麵，將鹽殼全魚準備好，預熱用餐碟盤、冰鎮沙拉盤。

✦ 倒數 30~20 分鐘

將白酒從冰箱中取出，紅酒放進冰箱。開始煮白酒蛤蜊扁義麵。完成菠菜乳酪湯糰，最後 10 分鐘將鹽殼全魚送進烤箱。

✦ 用餐時刻

將紅酒從冰箱中取出，白酒放冰水浴，倒上飲品。

{ THANKS
GIVING

第 8 宴

美國感恩節
私房火雞全餐的祕密

相較於美國西岸鄰近沙漠枯黃無趣的山丘，東岸新英格蘭的繽紛秋葉，彷如一場一年一度的嘉年華會，黃、橘、紅代表著溫暖的艷麗秋色，此起彼落地在晃動的樹梢展現嬌姿。昨天還整棵火紅色的小樹叢，今天已經部分轉黃，我飛駛而過的車輪，帶動起已落下的秋葉再度起身飛舞。這剛好是季節變換的關鍵一週，從綠轉紅、轉橘、又變黃。每天開車行經的這條路，樹上的葉子逐日減少，就在短短幾天間，秋天以最迷人的顏色向大地道別。此刻，與我同車的婆婆隨著癌細胞蔓延漸漸失去體力——儘管往返醫院的途中，她與我談笑如昔，謝謝我飛到東岸來照顧她。

我怔怔地望著一棵已轉為檸檬黃色的樹，仔細檢視它顏色均勻的葉子，說道：「這戶人家門前的那棵樹是真的嗎？為什麼黃得那麼透澈？」公公回答：「你真的來對時間了，換葉這幾天是這裡一年之中最美的時候，卻可能也是她的最後一個秋天了。」語調裡有著與婆婆鶼鰈情深數十年後的深沉無奈。

公婆有六個孩子，但是自從我們婚後，兩人幾乎年年選在感恩節從東岸飛來我家過節。猶記得第一次感恩節，是我煮給婆婆吃的第一頓大餐，新婚剛過半年，尚未完全適應移民新生活的我，為了公婆第一次從東岸來訪，已早早磨刀備戰。非但去上火雞

秋天感恩節裝飾

火雞進烤箱前,置於架上,鍋內放青菜與高湯。

*1 培珀莉農場:為美國廠商 Pepperidge Farm Inc。

專門課,還到圖書館翻遍所有感恩節食譜,深怕有任何菜色出現芝麻小錯。我預訂不曾冷凍過的有機火雞、做好百里香調味奶油、自製派皮和火雞高湯,將各國好菜食譜排排陳列……這可是我第一次要與公婆相處數天,要知道他們會不會喜歡我準備的一切,絕不是把一隻火雞和成堆菜搬上桌這麼簡單啊!

站在超級市場龐大的冷凍火雞前,老公說:「別擔心,我會幫你的!」我也知道沒有人會責怪剛入門的外籍媳婦,然而,能學做這樣的大餐,我是既緊張又雀躍。

「傳統料理是最好也最安全的菜單。桌上一定要有火雞、火雞醬汁、蔓越莓醬、內餡、四季豆和一道地瓜菜肴,還要有蘋果派或南瓜派當甜點……。」

「總之,這事兒請教我媽就對了!」老公胸有成竹地這樣鼓勵我。

於是,我真的開口請問婆婆感恩節大餐的菜單,萬萬沒想到的是,她的答案竟是很多的罐頭和許多半處理過的袋裝食品名稱,她說食譜就在罐頭包裝上,還特別強調火雞內餡一定要用「培珀莉農場」(Pepperidge Farm)*1這個牌子,因為他們家已試過所有品牌。極少吃罐頭食品的我有點無法置信,那個答案就像發現最讓人回味的麵條原來是泡麵。我想只要是小時候媽媽給的,就有媽媽的味道,那是初次開啟味蕾、無可取代的滋味,而且每家一定各有不同。但這終究是再製食品啊。

第一年,我將耗時半個小時現煮的新鮮蔓越莓醬端上桌,小朋友卻吵著要狀似果凍的罐頭蔓越莓醬,那是

溫暖的火雞餐及麵包

他們歷來感恩節晚餐的必備食品，最後，我只好妥協地將兩者都端上桌。後來，我逐年以新鮮食材取代罐頭食品，創造出可以在未來變成傳統的、屬於自己的菜色，讓家人再不對罐頭感興趣，想想當年的回憶，真教人無言以對。難道你會相信，美國最早的感恩節大餐竟是包裝食品？

　　到藍帶廚藝學校的第一個假日就是感恩節，曾為教宗做菜的大廚老師放假前偷偷塞給我們幾張食譜，他說：「雖然你們剛入學，但是家人一定會期待你們在感恩節晚餐有一點貢獻，這幾張殺手級食譜可以讓你們安全過關，尤其要記住製作好吃醬汁的訣竅在……，好好保存食譜，這可能是你們未來仰賴吃飯的傢伙喔！」他將食

譜遞給我們時，帶著極端慎重的眼神，彷彿傳授著失傳已久的武林祕笈。沒想到經過這幾道食譜的加持後，那年感恩節晚餐果然金光閃閃、瑞氣千條，火雞醬汁獲得眾人驚呼：「怎──麼──會──這──麼──好──吃？」

　　婆婆知道我進入加州的法國藍帶廚藝學校，就說有件骨董廚具要給我，朋友送她時已經使用好些年，是做德國麵疙瘩很好用的道具，婆婆從來沒做過，所以又保存了好幾個十年。她順道說了個故事：有次旅行德國，因為一場意外的雪，她和公公深夜住進一間小旅館，正發愁晚餐沒處去時，旅館主人端來了一盤她很想吃卻還不知到哪裡買的熱炒麵疙瘩，在惡劣的大雪天裡，竟然可以吃到這道傳統菜

四季豆炒松子

肴，又如此可口，宛若置身夢中。

當我打包著做麵疙瘩的食材，準備隔天飛到東岸去照顧接受化療的婆婆時，腦中浮起這些點點滴滴的美好記憶。臨行前，我烤了裸麥麵包和肉桂葡萄乾吐司各兩條，分別是公婆最愛的麵包。她當年第一次來訪時，就要我做一條讓她帶回去，因為這裸麥麵包有著她童年巷口猶太人麵包店的味道。

裸麥麵包夾德式香腸加酸菜、匈牙利燉牛肉加德國麵疙瘩……，我做了些道地德國菜，因為最後病榻上的她所想念的全是家鄉菜。原來廚藝是可以撫慰心靈的，這是我之所以一頭栽入、不斷鑽研的原因。最後一個感恩節，身為長媳，我篤定地為先生的

整個家族準備這頓大餐。相聚的機會不會永遠等著我們，我知道，往後的感恩節將成為我最想念她的日子，事實上，這的確成了我為她準備的最後一頓大餐——第一餐與最後一餐，都是在感恩節。

感恩節前一個星期，超市人潮開始暴增，而且不同以往地多了許多提著菜籃和採購清單的男人或夫婦。至於那些附帶食譜的感恩節食材罐頭，則成堆放在最明顯的地方。我特愛觀察的場景是，有人站在食物架前看來似乎猶疑再三陷入長考，因為他們的疑問全都寫在臉上：到底該買哪一種？買多少？就像當年的我，心捧在胸口，疑慮擠在眉間，彷彿採買菜色是人生的重大抉擇。全美國負責烹煮這頓晚餐的家廚，此時都背負著不小的壓力。歷經第一年的最大指數壓力後，現在的我早已輕鬆自在，手中這份年年修正、越來越成熟的菜單，就是我的定心丸。

某年 11 月，收音機那頭突然播放著這樣的廣告：電話鈴響，婚後的兒子來電詢問如何複製媽媽的感恩節大餐，母親支支吾吾地不想回答，終究窘迫又難為情地擠出答案：「唉呀，真是不好意思告訴你，我做的感恩節大餐沒什麼特別，因為我都是用○○牌香菇罐頭濃湯加四季豆、○○牌火雞內餡、○○牌南瓜派罐頭……」多麼似曾相識的情境！我不禁會心微笑起來，原來使用半製品的不是只有我婆婆一家人啊。

辦桌檔案

[主題]　感恩節家宴

[主廚]　Miggi Demeyer

[地點]　美國東岸紐澤西 Agatha and Michael Demeyer 家

[菜單]　感恩節火雞、火雞醬汁、百里香調味奶油、香腸蘋果餡料、蔓越莓橙汁
　　　　水果醬、乳酪地瓜泥、美式蘋果派、時蔬綠沙拉、四季豆炒杏仁片。

[攝影]　Michael Demeyer

菜單設計

　　這些火雞大餐食譜是我綜合名師大廚私傳的祕招而成，深受家人喜愛，經過
幾年試煉，在此公開分享，以幫所有必須準備一頓感恩節大餐的家庭主廚分憂。
首先，將整隻火雞放入冰箱醃漬八小時，濾除醃汁後，繼續放在冰箱內風乾八小
時，甚至一天的時間。換句話說，火雞應該在兩天前就開始準備，儘管耗時，成
果絕對值得。希望這些食譜能讓你成功分享給最愛的家人朋友。

酒類搭配

氣泡酒

好的氣泡酒是迎接客人時的最佳選擇，因為向上衝的氣泡像是在暖場、對客人歡呼，甚至配菜同樣合宜。配菜時，請選瓶外標有「Brut」字樣的不甜酒款。

白酒

過於強勁或帶有橡木桶味道的酒款，較不適合感恩節佳肴，建議選擇果香清新撲鼻、口味清爽為佳，例如，白梢楠、白蘇維濃、麗絲玲、夏多內、白金芬黛（White Zinfandel）。

紅酒

重口味、高單寧的紅酒，面對火雞大餐時，都得靠邊站。若選擇較為清淡的黑皮諾，就是經典絕配，另外，薄酒來或介於白與紅之間的粉紅酒也是不錯的選擇。至於，金芬黛的酒體中等、單寧較低，同樣值得一試。

甜點酒

甜點酒基本上就是甜點，宜單獨品嘗，而不必顧及與其他甜點是否相配。甜點應搭配不甜飲品，例如茶或咖啡；甜甜的波特酒雖然號稱與巧克力很搭，但需視巧克力的甜度和澀度而定，建議可可含量70％或更高的黑巧克力較佳，除非這甜酒的酸度也很高，就會比較容易搭配甜食。至於，以巧克力製成的甜點，往往添加許多糖，適合單獨品嘗，最怕太多美食美酒一起入口，混淆自己的味覺。

感恩節火雞 *Thanksgiving Holiday Turkey*

份量	詳見 Tips	Serving size: see Tips

材料　醃料：

2 加侖（32 杯）冷水

1 杯粗鹽

1 杯蜂蜜

1 小把新鮮百里香，切碎

3 片月桂葉

6 瓣大蒜，壓碎

1 大匙黑胡椒

3 個大橙橘，切四塊

火雞材料：

1 隻火雞

1 個洋蔥，切成八等份

2 支西洋芹，切大塊

1 個柳橙，切四等份

3 片月桂葉

3 小支新鮮百里香

1/2 杯百里香奶油醬

3 大匙家禽用調味香料粉 ● 1

醬汁材料：

2 個洋蔥，切小塊

3 支西洋芹，切小塊

2 支青蒜，切小塊

3 個胡蘿蔔，切小塊

4 支綠蔥，切段

1 瓶馬沙拉酒

3 杯雞高湯（或更多），裝滿烤盤 0.5 吋深

做法　預備及醃製火雞：

1. 約烤前一天的清晨，將火雞脖子、內臟和肝臟取出，冷藏備用或丟棄。用水將內外沖

Brine ingredients

2 gallons cold water

1 cup kosher salt

1 cup honey

1/2 bunch fresh thyme, coarsely chopped

3 bay leaves

6 cloves garlic, crushed

1 Tbsp. coarsely-ground black pepper

3 large oranges, quartered

Turkey preparation ingredients

1 turkey

1 medium onion, cut into eighths

2 stalks celery, coarsely chopped

1 large orange, quartered

3 bay leaves

3 sprigs fresh thyme

1/3 cup roasted shallot thyme butter

3 Tbsp. poultry seasoning

Gravy base ingredients

2 onions, diced

3 stick of celery, diced

2 leeks, diced

3 carrot, diced

4 green onions, cut 1 inch

750ml bottle Marsala wine

3 cups turkey stock, or enough to fill roasting pan 1/2 inch deep

DIRECTIONS

Preparing and Brining the Turkey:

1. (Do this the morning before you will bake the turkey.) Remove the neck, giblets, and liver from the cavity of the turkey; reserve the neck and giblets (refrigerated) for making stock or discard. Rinse the turkey inside and out under cool running water. Dissolve

洗乾淨，把所有醃料拌勻，確定火雞完全被醃料蓋住，一起放入可置食品的大塑膠袋再放入防漏的容器，放入冰箱冷藏醃漬8小時（不可超過8小時，否則肉會變得太鹹）。

2. 約烤前一天的晚上，將醃料沖淨，然後用紙巾拍乾。修剪頸部多餘的脂肪，胸部朝上，架高讓底部空氣也可以流通，不覆蓋，冷藏8~24小時，讓皮膚乾燥。

烤火雞步驟：

1. 烤箱預熱至220℃（425℉）。

2. 烘烤前1小時，自冰箱取出火雞回溫，以1大匙家禽用調味香料粉塗滿腹部內側，再塞入洋蔥、西洋芹、橘子、月桂葉和百里香。（放不進去不要硬塞，適量即可。）

3. 以棉繩將腿、翅與身體綁緊，整隻火雞塗刷百里香奶油醬（見187頁，若將奶油塞進肉與皮間的縫隙更好，烤出成品雖不好看，但皮非常好吃），再撒上剩餘的2大匙家禽用調味香料粉，整隻火雞背部朝下、雞胸朝上，置於架上，將架子連同火雞放入烤盤。

4. 將醬汁材料加入3，這時架子應讓火雞騰空，而不和火雞高湯、酒接觸，高湯深度至少0.5英吋深。全部送進220℃（425℉）烤箱，先烤30分鐘後，打開烤箱快速散發熱氣，降溫至163℃（325℉），再塗一次百里香奶油醬後，以箔紙覆蓋住雞胸以免皮過焦，續烤約2小時上下（視大小而定）。

5. 檢視火雞是否烤熟，看翅、腿是否可輕易搖動，或以溫度計插入雞腿肉時達到63~79℃（165~175℉）。（注意：溫度計不要觸及骨頭，否則測出溫度會偏高。）其餘時間盡量減少開烤箱查看的次數。

6. 待熟透後，讓火雞於保溫處靜置至少20鐘，以便於分切。

all brining ingredients together. Submerge the turkey in the brine; cover and refrigerate for 8 hours (not longer because meat will become too salty). It is easiest to do this by placing the brine and turkey in a food grade brining bag; carefully to prevent leakage and placing in the refrigerator.)

2. The evening before baking the turkey. Remove the turkey from brine; rinse, then pat dry with paper towels. Trim the neck skin and excess fat, then place breast-side up on a rack over a pan to catch the juices. Refrigerate uncovered for 8-24 hours to allow the skin to dry.

Instructions for baking:

1. Preheat oven to 425℉.

2. Place turkey on the counter one hour before roasting. Season the inside cavity with 1 Tbsp. of poultry seasoning. Stuff the turkey loosely with onion, celery, orange, bay leaves, and thyme.

3. Truss the turkey securely, brush with roasted shallot thyme butter, and sprinkle liberally with rest of the poultry seasoning. Place the bird on its back on a rack in a roasting pan.

4. Add gravy base ingredients to the roasting pan and enough turkey stock to bring the liquid to about 1/2 inch deep in the roasting pan. Roast in a preheated 425℉ oven for 30 minutes, then reduce the heat to 325℉. Open the oven door a little bit to help reduce to 325℉ if needed. Gently brush with roasted shallot thyme butter again. Cover turkey breast with foil to prevent browning too much and roast about 2 hours more, depending on the turkey size.

5. The turkey is done when the leg and things move up and down freely, and meat thermometer in the breast meat reaches 165-175℉. Make sure the thermometer does not touch the bone; otherwise, the (bone) temperature will appear higher than the ideal meat temperature. Minimize opening the oven door during cooking.

6. Let the bird stand 20 minutes before removing stuffing and carving.

註1 家禽用調味香料粉：可購買現成的雞肉專用綜合香料粉，或是撒上同比例的黑胡椒、甜椒粉、鼠尾草及蒜粉即可。

◎解凍火雞，必須在 4℃ (40℉) 以下的冰箱環境最安全，所以若購買冷凍火雞需提前安排。備用辦法為冷水浸泡，每 30 分鐘更換一次冷水。因置於室溫超過 2 小時，解凍後得立刻烹煮。

◎ 冰箱解凍整隻火雞時間：

8 ～ 12 lb.	1 ～ 2 天
12 ～ 16 lb.	2 ～ 3 天
16 ～ 20 lb.	3 ～ 4 天
20 ～ 24 lb.	4 ～ 5 天

◎ 冷水解凍整隻火雞時間：

8 ～ 12 lb.	4 ～小時
12 ～ 16 lb.	6 ～ 8 小時
16 ～ 20 lb.	8 ～ 10 小時
20 ～ 24 lb.	10 ～ 12 小時

平均每人份的火雞約 1 ～ 1.25 lb.，若超過 24 人時，建議烤兩隻小火雞來取代一大隻火雞，以便縮短烹調時間。當其他配菜越多，每人份所需重量應向下調整。有內餡填胸的火雞需要更長的烘烤時間（見下列），當內餡烤好時，火雞肉往往已過熱而且肉汁過乾，因此建議餡料另外調理而不填胸。

◎ 未填胸火雞（僅塞香料）的烘烤時間：

4 ～ 6 lb. 雞胸肉	1½ ～ 2¼ 小時
6 ～ 8 lb. 雞胸肉	2¼ ～ 3¼ 小時
8 ～ 12 lb.	2¾ ～ 3 小時
12 ～ 14 lb.	3 ～ 3¾ 小時
14 ～ 18 lb.	3¾ ～ 4¼ 小時
18 ～ 20 lb.	4¼ ～ 4½ 小時
20 ～ 24 lb.	4½ ～ 5 小時

◎ 填胸火雞（塞入上菜用的火雞內餡）的烘烤時間：

8 ～ 12 lb.	3 ～ 3½ 小時
12 ～ 14 lb.	3½ ～ 4 小時
14 ～ 18 lb.	4 ～ 4¼ 小時
18 ～ 20 lb.	4¼ ～ 4¾ 小時
20 ～ 24 lb.	4¾ ～ 5¼ 小時

⊙ For food safety, frozen turkey should thaw (defrost) in a 40℉ refrigerator. You need to plan ahead. Allow approximately 24 hours for every 5 pounds in a refrigerator. An alternative way is thawing in cold water. Change cold water every 30 minutes until the turkey is thawed. Turkeys thawed by the cold water method should be cooked immediately because conditions were not temperature-controlled.

⊙ Refrigerator thawing whole turkey times:

8-12 lb.	1 to 2 days
12-16 lb.	2 to 3 days
16-20 lb.	3 to 4 days
20-24 lb.	4 to 5 days

⊙ Cold water thawing whole turkey times:

8-12 lb.	4 to 6 hrs.
12-16 lb.	6 to 8 hrs.
16-20 lb.	8 to 10 hrs.
20-24 lb.	10 to 12 hrs.

Plan on an average of 1 or 1¼ pounds of turkey per person, If there are more than 24 guests we recommend roasting 2 small turkeys instead of a big turkey to shorten the cooking time. Depending on how many side dishes you prepare, adjust the turkey size accordingly. Additional time is required for the turkey and stuffing to reach a safe internal temperature (see chart below). Stuffing the turkey often results in an over-cooked, dry turkey. It is best to cook stuffing in another dish.

⊙ Approximate cooking times:

Unstuffed:

4-6 lb. breast	1½ to 2¼ hrs.
6-8 lb. breast	2¼ to 3¼ hrs.
8-12 lbs.	2¾ to 3 hrs.
12-14 lbs.	3 to 3¾ hrs.
14-18 lbs.	3¾ to 4¼ hrs.
18-20 lbs.	4¼ to 4½ hrs.
20-24 lbs.	4½ to 5 hrs.

Stuffed:

8-12 lbs.	3 to 3½ hrs.
12-14 lbs.	3½ to 4 hrs.
14-18 lbs.	4 to 4¼ hrs.
18-20 lbs.	4¼ to 4¾ hrs.
20-24 lbs.	4¾ to 5¼ hrs.

火雞醬汁 *Turkey Gravy*

份量	3 杯

材料　1 杯不甜白酒
　　　2 大匙火雞滴下來的油（或奶油）
　　　2 大匙麵粉
　　　2 杯烤盤內的肉汁，過濾（若不足則補加火雞高湯）
　　　1 大匙平葉歐芹，切碎
　　　適量鹽和現磨白胡椒粉

做法　1. 將火雞烤盤內的油汁分離，靜置備用。
　　　2. 另起一個容量足夠放醬汁的鍋子，加熱火雞油（或奶油），倒入麵粉攪拌均勻，做成麵糊，再入白酒、肉汁煮沸，轉小火，煮 3～4 分鐘，至濃稠。（若有需要的話再過濾一次。）
　　　3. 醬汁煮沸後，加入歐芹香芹拌勻，以鹽和胡椒粉調味後，即可盛盤上桌。

Makes 3 cups

1 cup dry white wine
2 Tbsp. rendered fat from gravy base and pan drippings
2 Tbsp. all-purpose flour
2 cups gravy base from roasting pan drippings, drain (If there is not enough from roasting pan, you can add turkey stock)
1 Tbsp. finely chopped flat-leaf parsley
salt and freshly ground white pepper, to taste

DIRECTIONS
1. Pour the pan drippings through a coarse strainer into a gravy separator and set aside.
2. To make the roux, heat 2 Tbsp. of the fat (or unsalted butter) in a medium saucepan. Add stock and bring to a boil. Reduce the heat and simmer until thickened, about 3 to 4 minutes. (Strain again if a smoother gravy is desired.)
3. Bring the gravy to a boil and turn back to a simmer. Whisk in in the parsley and season to taste with salt and pepper. Pour into a warm gravy boat to serve.

百里香調味奶油 *Roasted Shallot Thyme-Flavored Butter*

份量	1/2 杯

材料　4 個中等紅蔥頭，不用去皮
　　　1 大匙特純橄欖油
　　　8 大匙奶油（約包裝 1 條），室溫
　　　1/2 小匙第戎芥末醬 ●2
　　　1½ 大匙新鮮歐芹，切碎
　　　2 小匙新鮮百里香，切碎
　　　適量的鹽和胡椒粉

做法　1. 烤箱預熱至 200℃（400℉）。
　　　2. 將紅蔥頭塗上橄欖油後，放入烤箱烤
　　　30~45 分鐘，直至表皮酥脆微焦、內部軟嫩，
　　　待涼後，切碎，備用。
　　　3. 將 2 與其他材料一併以食物處理機或徒手
　　　拌勻，若奶油不夠軟，則以刀子切並將所有
　　　材料均勻混合。
　　　4. 將 3 以放置在蠟紙或保鮮膜上，滾捲成像
　　　香腸般擠壓成的筒狀。
　　　5. 將保鮮膜或蠟紙的兩端扭緊，放入冷藏定
　　　型或立刻使用。

Makes 1/2 cup

4 medium shallots, unpeeled
1 Tbsp. extra-virgin olive oil
8 Tbsp. unsalted butter (1 stick)
1/2 tsp. Dijon mustard
1½ Tbsp. fresh parsley, finely chopped
2 tsp. fresh thyme, finely chopped
salt and pepper, to taste

DIRECTIONS
1. Preheat the oven to 400℉ .
2. Toss the shallots with the oil. Bake until skins are charred and crisp and the shallots are very tender, about 30-45 minutes. Let cool and chop finely.
3. Mix roasted shallots and mash together all of the other ingredients until they are evenly combined. Work the butter by hand or use a food processor.
4. Fold the plastic wrap over the butter, hold a ruler against the butter, and pull on the lower end of the plastic to produce even pressure that will squeeze the butter into a uniform log.
5. Twist the ends of the plastic wrap, sausage style, and tuck them under the butter log to make a neat little package, then cill in the refrigerator.

TIPS　◎ 烹調變化：以大蒜替代紅蔥頭。

⊙ Variations: Substitute roasted garlic for the roasted shallots.

●2 第戎芥末醬（Dijon mustard）：產於布根地，「Dijon」已成為法式芥末醬的代名詞。第戎芥末醬辣味較強，以特殊香味聞名，和羊肉、牛肉、豬肉的搭配十分契合，在歐系菜肴中常用作醬汁基底，例如，添加蜂蜜，調成蜂蜜芥末醬，用來沾食炸雞或薯條極受歡迎。

香腸和蘋果餡料 *Sausage and Apple Stuffing*

份量	6~8 人份	Makes 6-8 servings

材料　1 條法式麵包，切小塊（約 10 杯）
　　　1 小匙家禽用調味香料粉
　　　12 oz./340g 豬肉香腸
　　　4 大匙奶油（或橄欖油）
　　　2 支青蒜，切丁
　　　1 個洋蔥，切丁
　　　2 支西洋芹，切丁
　　　2 個大蒜，切碎
　　　2 個青蘋果，去皮、去心，切塊
　　　1/2 小匙乾百里香
　　　1 大匙新鮮歐芹，切碎
　　　1/4 小匙現磨黑胡椒粉
　　　3 杯火雞湯（或雞湯）

做法　*1.* 法國麵包和家禽用調味香料粉混勻後，放
　　　入預熱至 163℃（325℉）的烤箱，烤 8 分鐘，
　　　至表面呈微棕色。
　　　2. 於鑄鐵鍋 ❋₂ 中熱油，將洋蔥、芹菜和大蒜
　　　炒軟，加入香腸、大蒜續炒 3 分鐘。添加麵包、
　　　青蘋果，百里香和歐芹葉。
　　　3. 加入火雞湯（或雞湯），拌勻後，以鹽和
　　　胡椒調味。
　　　4. 放進烤箱以 180℃（350℉）烤 30 分鐘或更
　　　長，直到表面呈棕色，即可上桌。

1 loaf of day-old French bread, cut 3/4-inch cubes (about 10 cups)
1 tsp. poultry seasoning
12 oz. pork-sausage meat
4 Tbsp. butter or olive oil
2 leeks, diced
1 onion, diced
2 stalks celery, diced
2 cloves garlic, minced
2 green apples, skinned, cored and diced
1/2 tsp. dried thyme
1 Tbsp. fresh parsley, finely chopped
1/4 tsp. ground black pepper
3 cups turkey or chicken stock

DIRECTIONS

1. Toast French bread with 1 tsp. of poultry seasoning in 325℉ oven until it is slightly browned, about 8 minutes.
2. In a Dutch oven, sauté onion, celery and leek in butter or olive oil until soft. Add sausage and garlic and cook through, about 3 minutes. Add the bread, green apple, thyme and parsley.
3. Add turkey or chicken stock, mix well and season with salt and pepper.
4. Cook in 350℉ oven for 30 minutes or until lightly brown on top and serve.

TIPS　◎ 烹調變化：另外加入栗子或香菇讓層次更豐富。　⊙ Variations: Add chestnuts or mushrooms for extra flavor.

❋₃ 鑄鐵鍋（**Dutch oven**）：又稱荷蘭鍋。是以厚重的生鐵鑄
成，具有堅固、實用、導熱均勻快速的特性，無論是煮沸、煎、
燉、炸、烤，皆可派上用場；舊時代尚無烤箱時，就是將燃燒
中的木炭置於緊密的鍋頂，使上下熱源同時烹煮食物。

蔓越莓橙汁水果醬 *Cranberry Orange Sauce*

份量	14~16 人份

材料　4 杯蔓越莓新鮮或冷凍
　　　2 杯金黃色葡萄乾
　　　2 杯砂糖
　　　1/2 杯蜂蜜
　　　2 小匙荳蔻粉
　　　2 大匙薑，磨碎
　　　1 杯水
　　　2 杯橙汁
　　　1 杯橙橘肉
　　　1/2 杯杏桃乾

做法　*1.* 在鍋內溶解糖、蜂蜜、水後，再加入其餘材料，煮沸後，轉小火續煮約 1 小時。
　　　2. 起鍋前，調整甜度即完成。（新鮮蔓越莓的酸度高，必要時可額外加糖。）

Makes 14-16 servings

4 cups cranberries fresh or frozen

2 cups golden raisins

2 cups light brown sugar

1/2 cup honey

2 tsp. freshly ground nutmeg

2 Tbsp. ginger root, grated

1 cup water

2 cups orange juice

1 cup orange segments

1/2 cup dried apricots

DIRECTIONS

1. In a saucepan dissolve sugar and honey to syrup-like consistency. Add cranberries and other ingredients and simmer on medium heat for one hour.

2. Adjust sweetness to taste. Cranberries are very tart; add extra sugar if needed.

乳酪地瓜泥 *Sweet Potato with Mascarpone*

份量	6~8 人份

Makes 6-8 Servings

材料	6 個地瓜（約 3 lb. / 1360g），整顆
	8 oz./227g 馬斯卡邦乳酪
	1/2 小匙海鹽（酌量調整）
	1/4 小匙紅辣椒粉（酌量調整）
	2 大匙鮮奶油或鮮奶（酌量調整）

6 sweet potatoes (about 3 lb.), whole

8 oz. mascarpone cheese

1/2 tsp. sea salt, or to taste

1/2 tsp. cayenne pepper, or to taste

2 Tbsp. cream or milk, or to taste

做法	1. 烤箱預熱至 200°C（400°F）。
	2. 將地瓜放入烤箱，烤 30 分鐘，直至熟透。待稍微降溫後，去皮。
	3. 將 2 與其他材料攪拌成泥，酌量調味，且以牛奶或鮮奶油調整濃稠度後，即可趁熱食用。

DIRECTIONS

1. Preheat the oven to 400°F .

2. Bake sweet potatoes for 30 minutes or until done. Let cool slightly and take off the skin.

3. Mash sweet potatoes together with mascarpone cheese, salt and cayenne pepper. Add whipping cream or milk to desired consistency. Serve hot.

TIPS	◎ 預先烹調：提前 1 小時前做好，從下方以蒸氣保溫，直至上菜。

⊙ Variations: Make one hour ahead and hold in a warm water bath before serving.

美式蘋果派 *American Apple Pie*

份量	8 人份

材料　2 片派皮（可做成 9 吋）
　　　1/3 杯金黃色葡萄乾
　　　3 大匙深色蘭姆酒
　　　1 小匙新鮮檸檬皮，磨碎
　　　3 大匙中筋麵粉
　　　1/2 小匙肉桂粉
　　　1/8 小匙現磨荳蔻粉
　　　1/8 小匙鹽
　　　2/3 杯蔗糖，緊塞的量
　　　6 個酸甜度不同品種蘋果 *4，去皮、去核，切小塊
　　　1 大匙奶油，切小塊
　　　1 個蛋水（1 個蛋加 1 小匙水打散）

做法　*1.* 將蘭姆酒、葡萄乾煮沸後離火，加蓋，靜置冷卻。
　　　2. 烤箱預熱至 220℃（425℉）。
　　　3. 將檸檬皮、麵粉、肉桂粉、荳蔻粉、鹽和蔗糖攪拌均勻，成為糖的混合物。
　　　4. 將蘋果和 *1*、*3* 混合，做成內餡。
　　　5. 以擀麵棍將較大的派皮撒上麵粉，擀成直徑約 13 吋，放入 9 吋大派盤（約 4 杯容量），麵皮應大於派盤邊緣 1/2 吋，立即冷藏備用。
　　　6. 另一片派皮擀成 11 吋後，冷藏備用。
　　　7. 將內餡放入 *5* 的派盤上，均勻放入奶油後，蓋上 *6*，壓緊並捲曲裝飾派皮邊緣（可用手指或叉子），派皮均勻塗上蛋水，在派皮表面，切 2~3 刀，以便烘烤時可以排出水蒸氣。
　　　8. 送進烤箱，烤 20 分鐘後，將溫度降低至 190℃（375℉），續烤 30~40 分鐘，直至表面呈金黃色、內餡起泡。
　　　9. 完成後，將蘋果派取出，置於室溫騰空的架上冷卻，約 30 分鐘。

Makes 8 servings

2 pieces pastry dough
1/3 cup golden raisins
3 Tbsp. rum
1 tsp. finely grated fresh lemon zest
3 Tbsp. all-purpose flour
1/2 tsp. cinnamon
1/8 tsp. freshly grated nutmeg
1/8 tsp. salt
2/3 cup light brown sugar, packed
6 medium apples (2.5 lb.), cut into 1/2 inch wedges (Tip: use a mix apple varieties, but at least 3 Granny Smith, for best taste)
1 Tbsp. unsalted butter, cut into small pieces
1 egg wash, made from 1 egg plus 1 tsp. water

DIRECTIONS

1. Combined raisins with rum in a small saucepan and bring to a boil. Remove from heat and set aside to cool.
2. Preheat oven to 425℉ .
3. Combined lemon zest, flour, cinnamon, nutmeg, salt and brown sugar. Mix very well into a uniform mixture.
4. Combine apples, sugar mixture from step 3, rum and raisins and mix well to make the filling.
5. Use a rolling pin. Sprinkle some flour onto a board and roll out the larger pastry dough to a circle 13 inches in diameter. Fit into a 9-inch pie plate (4-cup capacity) and trim edges, leaving a 1/2-inch overhang. Put in the refrigerator to keep cold while rolling the second piece.
6. Roll out another pastry dough to an 11 inch circle (this will be the top) and store in refrigerator if not using it immediately.
7. Put the filling into the pie plate on top of the crust, top evenly with butter, and cover with another piece of pastry dough. Press edges together and make a decorative pattern (with fingers, fork, etc.) Lightly brush top of pie with egg wash. Cut 3 steam vents in top crust with a small sharp knife, so the steam can be escape during baking.
8. Bake in the oven for 20 minutes. Lower the temperature to

375℉, and continue baking until golden brown on surface and filling is bubbling, about 30-40 minutes.

9. Let cool on a rack at room temperature, about 30 minutes.

TIPS ◎ 預先烹調：葡萄乾提前一天浸泡於蘭姆酒中。蘋果派可在前一天做好，待完全冷卻後，密封放入冷藏，食用前再加熱，或在室溫下食用均可。

⊙ To make ahead: You can soak the raisins in rum one day ahead. Apple pie can be baked 8 hours ahead. Let it cool completely; cover and store in refrigerator. Reheat it before serving or serve it in room temperature.

✱4 蘋果品種：蘋果品種的眾多，經烘焙後的鬆軟程度不同。其中，美國品種青蘋果（Granny Smith）比較酸，非常適合烘培，在這個食譜使用比例可以高一些，再加上其他較甜的品種。

Note: You can use more Granny Smith apple. The tartness is good for baking. Or mix with other kinds of sweet apple to add more flavors.

派對籌備工作倒數　Check List

傳統感恩節是在 16:00 開始用餐，以下用餐的目標時間為 16:00。

◆ 倒數 **4** 天

確定用餐人數，確認火雞大小及數量，預訂所需火雞。確認廚房的基本食材都足夠，例如：胡椒粉、糖、鹽等。

....

◆ 倒數 **3~2** 天

開始解凍火雞（若使用冷凍火雞的話）。做好百里香調味奶油。購買所有食材及需要補充的器具。

....

◆ 倒數 **48~24** 小時

烤前一天 09:00（或更早一天的睡前）開始醃火雞（至少 8 小時），17:00 以前（睡前醃火雞就要一早醒來時）把火雞清洗後置冰箱晾乾。

....

◆ 倒數 **12~8** 小時

感恩節前一天先做好美式蘋果派及蔓越莓橙汁醬。

....

◆ 倒數 **6~2** 小時

烤火雞的這一天清晨開始預熱烤箱，烤前 1 小時將火雞放室溫。14 lb. / 6.4 kg 以上的火雞要在 11:00 以前送進烤箱，烤火雞前應該早已做好蘋果派。備好餐具、杯子、開瓶器及飲用水。

....

◆ 倒數 **2~1** 小時

開始做蔓越莓橙汁醬、備好乳酪地瓜泥食材、備好香腸和蘋果餡料、炒四季豆。要確定已將氣泡酒及白酒放入冰箱（或更早）。

....

◆ 倒數 **1** 小時 **~30** 分鐘

預熱裝盛火雞的盤子。約 15:00 火雞出爐立刻覆蓋保溫，地瓜及香腸和蘋果餡料送進烤箱。預熱用餐碟盤，開始做火雞醬汁。

....

◆ 倒數 **30~20** 分鐘

白酒及玫瑰紅酒從冰箱中取出，紅酒冰鎮 20 分鐘，打開紅酒。

....

◆ 用餐時刻

將白酒從冰箱中取出，氣泡酒及白酒放冰水浴，倒上飲品，例如：冰開水、果汁或氣泡酒。

....

{ CHINESE BANQUET

第 9 宴

功夫辦桌
爲世界燒一手中國菜

剛剛收成的台灣大蒜，從美國泥土中拔起來，成為我廚房裡中國菜辦桌的主要配料。它們遠從虎尾家鄉一路搭飛機抵達此地，經我親手栽種，到了收成時，心情就像回到故鄉。你可以用很多方法思念故鄉，而我選擇把家鄉味種在異國土壤裡。台灣大蒜是美國看不到的品種，是只屬於我的家鄉才有的辛辣與驕傲。

今晚要為世界辦一桌中國菜，賓客是我家附近的「國際英文演講俱樂部」（Toastmasters）會友。這個著名的演說訓練組織在全世界都有分會，像是個文化大熔爐，以不同語言卻是相同的型式，在各地進行同樣的會議。我到西班牙巴塞隆納時，參加了俱樂部的英文會議，當晚在陌生國度就有一群當地朋友指引各種好吃好喝，保證我再留一個星期也玩不完。

我所居住的美國是個新世界，充滿各國移民，就算不是第一代移民，每個家族仍免不了都有一段、或許帶點心酸的移民史；各色人種就算不常接觸，也總有些既定印象令人好奇。因此，會議不僅讓人在演說能力上有所進步，更可深入了解不同文化背景的世界人，我則趁此機會讓這群精彩的朋友認識中華料理。

Chester 是促成這次餐會的重要人物，他是位大學英文教授兼作家，擁有一頭像愛因斯坦般充滿智慧之光的捲曲銀髮，眼角和嘴角永遠帶著微翹的笑紋，彷彿在回答著：「我都了解。」他的著作將近二十冊，年逾七十依然身手矯健，年年下田栽種大蒜。

第一次拜訪 Chester，是在蘋果、桃子結實纍纍的時節，他早已成為知名的「大蒜先生」，栽種過世界各地

近百品種的大蒜，且發表數本與大蒜相關的著作。為了讓原本就嗜蒜成痴的我，開啟另一個視野，他使了個調皮的眼神，立刻從成堆的大蒜收藏中撿出幾顆，放在桌上，請我生吃與品味：第一瓣是從俄國來的，直接入口後，平淡無奇；第二瓣是西班牙的，前辛後辣尚可接受；第三瓣也是俄國品種，入口後讓人立即跳腳找滅火，搞飛機似的奇辣無比。在旁的 Chester 調皮大笑，有著終於說服我的成就感。

我回想起在學校被要求嘗試十幾種辣椒、試喝二十幾種不同酸度的醋的辛苦經驗，專業廚師的訓練也不盡是嘗試美味。而這次對大蒜的毫不猶豫，顯然是個錯誤，就像當初上紅酒與食物搭配的專門課，以為好康將要登場，怎料是讓人一生難忘的味覺苦難日，只為了要先嘗苦頭，才可以學

會不犯錯。

在不同的機緣下，許多人偷渡大蒜給 Chester，他的院子裡有個像是聯合國的小倉庫，各國蒜大頭在此開小會。既然如此，怎麼可以少了台灣？何況我來自台灣嘉南平原的虎尾，那個種大蒜、花生，還有演布袋戲的小鎮。於是，那年秋天趕在種大蒜的最後一季，他來電說台灣大蒜已入土，等待明年重生。「很容易種的，你應該試試！」Chester 又一次叮嚀。

不用食譜而辦一桌中國菜，對做慣的家廚來說不是難事，若是經驗老道或用功的人，甚至與專業大廚相比也絲毫不遜色。然而，眼前皮膚又黑又亮的 Sabrina 和 Cecelia 姐妹就坐在我家廚房，看著我火光閃閃地將一道道中國菜搬上桌，直說這事兒不可能發生在她家廚房。她們對於我能在短

Sabrina 和 Cecelia 姐妹樂享蓮藕切片

食指大動的用餐氣氛

時間內冒出這麼多菜來，驚訝無比。Sabrina 即將進醫學院，將來準備當小兒科醫生，因為父親與中國人做生意，對中國文化稍有了解，對中國菜一點都不陌生，她家外出用餐經常指名要吃中國菜；而彬彬有禮又總帶著甜美笑容的妹妹 Cecelia，對長相有趣的蓮藕切片最感好奇——實際上，就是因為蓮藕切片後的奇特凹洞，被我視為宴請外國人的必備菜肴。

胡椒蝦、三杯雞和炒米粉都是道地的台式口味，但是外國人既不擅長剝蝦，也不懂得啃骨邊肉，所以放棄整隻帶殼的胡椒蝦，以去殼糖醋蝦替代。同理，雞肉以去骨為佳。炒得爽脆的蓮藕在口感上很討喜，再上一道完全沒有加油的干貝芥菜。由於菜色眾多，甜點就簡單的用紅豆湯，中間浮沉著兩、三顆芝麻餡的元宵，非常容易打發。至於，經思量後上桌的三杯雞則是今天的重頭戲，台灣大蒜出乎意料地被大家爭相搶食。

來自瑞典的 Andree 和我討論中國人歸納出食物的寒與熱、陰與陽屬性，與身體的虛與實之間的關係。如何飲食才能更健康？中國人有著一套理論：春季宜食清淡，夏季宜食甘涼。秋季燥熱，宜食生津食品；冬季寒冷，宜食溫熱。飲食需因地制宜，就是依地域選用食物。例如，住在炎熱地方要少吃溫熱性食物，住在寒冷地區要少進食寒涼食物。我們這些移民應該因應新居所的氣候做飲食上的調整，所以食用當地料理也是個方法。另外，烹煮寒涼性食物時，宜用溫熱性的醋、薑、九層塔等香辛料，達到調和之效。食用上火的菜也不忘了再吃些降火的水果蔬菜做平衡。即將成為中國女婿的 Andree，功課顯然做得很足，他的遺憾是未婚妻為移民第二代，非但很少做中國菜而且早已適應美國飲食，甚至連吃中國菜都沒有他那麼頻繁。Andree 炒起乾煸四季豆要花半個鐘頭，讓丈母娘吃得沒話說，所以也不是所

有的文化都會自然得以傳承，除非遇上有心人。

最資深的 Steve 加入國際英文演講俱樂部將近五十年了，從大公司執行長（CEO）退休後，成了我們活生生的典範。他不但台風穩健，而且很難在他的演說中挑出毛病，幽默的神技教人佩服得五體投地。往往 Steve 一上台，我們就開始噗嗤而笑，對於吃這頓中華料理，他自我調侃：「我不能用五根手指對付兩支棍子，我不想和食物打仗，只想把它送進嘴裡，所以拿刀叉就可以了。」他的幽默絕對不是天生的。年輕時，他便開始隨身帶著筆記本，隨時記錄各種有格調的用詞和笑話，再透過這個俱樂部的訓練方法，造就了今日的風範。但是，他在餐會中卻很沉默，直到最後，才冒出一句話：「吃飯時的無言是給廚師最大的褒獎。」這時，我發現他擁有與「大蒜先生」相同資深的調皮眼神。

飯後品茗，是另一個高潮。我將同學塞給我珍藏超過十年的普洱茶借花獻佛，與眾人分享。足以和陳年紅酒較勁的普洱茶，同樣必須經過二次發酵，其中的「後發酵」更使之成為茶中之寶，越陳越值錢，與葡萄酒同樣是拍賣市場的寵兒，都有益於健康。只是普洱茶的價值限於華人世界，西方少有人收藏。今天的賓客真幸運！首次品嘗就是十年以上的普洱。換壺後，品茗的尾聲是最能代表台灣特色的高山烏龍茶，倒進聞香杯中更讓人印象深刻，回甘喉韻不容忽視，就像小而美的台灣。

為中國桌乾杯

辦桌檔案

[主題]　家宴中國菜

[主廚]　Miggi Demeyer

[地點]　美國舊金山灣區 Miggi and Michael Demeyer 的家

[菜單]　蓮藕片炒鎮江醋、滷牛腱、台式炒米粉、茄汁糖醋蝦、台式三杯雞、清
　　　　蒸魚、蝦豆腐春捲、干貝芥菜、獅子頭粉絲煲。

[攝影]　Michael Demeyer, James Kuzminian

菜單設計

　　身為外來移民，客人會期待到中國人家裡享用道地的中國菜。

　　外國人吃中國菜有很多的既定印象，炒菜油膩膩、酸甜加勾芡、醬油拿來拌飯……。我在美國所參加的營養師講座，竟然將中國菜列為非常不健康的高熱量食品，真教人抱屈！其實他們指的根本是美式中國菜，豈能稱上是道地的中國菜呀！因此我們也不能忘記，其他國家的菜肴，經過飄洋過海後也是會被變了樣，所以對於品嘗其他國家的菜色，是否也應抱持著開放的態度？也許是因為還沒機會品嘗該國的道地好味，而不是該國的菜都不符合胃口。中華料理有宴客菜和家常菜之分，宴客菜通常是魚肉多過蔬菜，而且很多肉類都加了蔬菜當配料。中式菜肴將肉類切小塊來烹調，與西方將大塊肉送入烤箱一烤數小時相較之下，更具經濟與智慧。

酒類搭配

梧雷葡萄酒

中國菜很講究溫和的鮮味。所謂「鮮」，就是人工味精努力仿製的那種味道，而日本人稱之為「Umami」。它存在於各種肉湯、香菇、蔬果裡，是我們拿來熬高湯的食材。中國料理在每一盤菜裡多少加入碎肉或海鮮來提鮮，忙碌的現代人沒耐性熬高湯，就愛加味精或是現成的罐頭雞湯，所以鮮味無處不在。最能與鮮味融合的是以白梢楠釀製的白酒，尤其是位於法國羅亞爾河谷地區梧雷（Vouvray）釀產。這品種在法國也用來釀氣泡酒，因梧雷的地理環境影響，容易致使水氣停留，長出貴腐霉（Botrytis）的葡萄會讓酒顯現出特殊香氣，是釀酒師追尋的味道，所以若能收納到長貴腐霉的葡萄，售價自然就高。白梢楠適合熟成後才摘下，酸度均勻帶點甜味，口味溫和而沉穩，搭配以鮮味為主的中國菜，相得益彰。

西方人所認識的中國菜口味，與我們實際上吃的有很大的不同。他們偏愛酸辣甜式的中國菜，麗絲玲就成了最佳拍檔，而且，麗絲玲有不同的甜度可供選擇，能夠滿足中國菜從鮮甜到辛辣的多變風貌。

此外，請別忘了，梧雷非但是個地名，在法國同時也代表這片土地准許栽種的葡萄品種——白梢楠。至於搭配中國菜的紅酒，在選擇上可依照食材及烹煮的方式來作準則，三杯雞因為味道豐富，加上是炒過的肉類蛋白質，所以配上有些許單寧澀味的紅酒是無須擔憂的，蝦豆腐春捲雖是海鮮，但是因為是經過油炸，所以搭配粉紅酒或是單寧很低、口味淡的紅酒還是可以過關的，至於茄汁糖醋蝦當然就要選個酸度較高、單寧較低的紅酒來相配。

蓮藕片炒鎮江醋 *Lotus Roots Chips*

份量　隨喜好而定

材料　1~2 支蓮藕，去皮、切片，浸水
　　　　1 小塊薑，切碎末
　　　　1 大匙糖（酌量）
　　　　1 大匙鎮江醋（酌量）
　　　　1 小束蝦夷蔥，切段

做法　1. 蓮藕去皮切片後要泡水，炒菜前再瀝乾。
　　　　2. 熱鍋後，油炒糖、薑末，再入蓮藕片續炒，
　　　　直至蓮藕片熟透呈透明狀。
　　　　3. 起鍋前，加入鎮江醋，裝盤後，撒上蝦夷
　　　　蔥。

1-2 lotus roots, peeled and sliced, soaked in water

1 small piece ginger, finely chopped

1 Tbsp. (or to taste) sugar

1 Tbsp. (or to taste) vinegar

1 bunch chives, cut 1/2 inch long

DIRECTIONS

1. Soak the lotus root slices in water after slicing, and then drain before cooking.

2. Heat oil over medium high heat. Add ginger, and lotus root chips. Continue to cook until the lotus roots all look transparent.

3. Add vinegar and give a quick stir. Remove from heat. Serve on plate and garnish with chives.

滷牛腱 *Braised Beef Shank Cold Cut*

份量	4~6 支	Makes 4-6 shanks

材料　自製滷包（或買現成滷包，但味道較遜色）：
4 片山奈 ※¹
2 大匙（或兩支）桂皮
4 個八角
2 大匙大茴香
2 大匙花椒
4 片甘草
1 小匙丁香
3 個黑豆蔻 ※²
4 片月桂葉

滷汁材料：
1 個自製滷包
1 大匙麻油
2 杯醬油
1 杯米酒
4 杯水（酌量增加以淹過肉類）
3 支乾辣椒
1/2 杯糖
50g 薑，切片
1 個大蒜，切開
4 支蔥

肉類：
4~6 支牛腱

佐料：
1 杯滷完牛肉後的滷汁
少許醋
少許香菜，切碎
適量麻油

Homemade spices and herbs brine package (put in cheese cloth)
4 pieces sand ginger
2 sticks cinnamon
4 pieces star anise
2 Tbsp. fennel
2 Tbsp. Sichuan pepper (Zanthoxylum)
4 pieces licorice, dried
1 tsp. cloves
3 pieces black cardamom
4 bay leaves

Ingredients for master sauce
1 homemade spices and herbs brine package
1 Tbsp. sesame oil
2 cups soy sauce
1 cup rice wine
4 cups water or more (enough to cover all of the meat)
3 dried chilies, whole
1/2 cup sugar
50g ginger, sliced
1 head garlic, cut in half
4 green onions

Meat
4-6 banana shank

Garnish
1 cup master sauce (cooking liquid)
vinegar, to taste
cilantro or green onion, chopped
sesame oil, to taste

DIRECTIONS
1. Put shanks in boiling water, individually until each is browned, about 2 minutes for each shank. Immediately remove and set aside.

做法
1. 牛腱肉以煮沸的水汆燙，備用。

2. 熱鍋炒香花椒、小茴香、大茴香後，連同其餘香料一起裝進滷包袋，袋口束緊。

3. 將所有滷料、滷包放入深鍋，再加入 1，煮沸後，轉小火，續煮 40 分鐘（或以快鍋煮 18 分鐘），熄火，續燜 30 分鐘。

4. 將整鍋更換容器，置入冰水中，以快速冷卻後，將牛腱浸泡於滷汁中，冷藏 6~8 小時後，即可切片裝盤。

5. 取出 1 杯滷汁，以大火煮沸後，縮至 1/2 量，酌量加入醋及麻油，淋於切片的牛腱上，再撒上切碎的香菜，即可上桌。

2. Toast the Sichuan pepper, anise and fennel together in a heated pan until the fragrances release. Combine all herbs and tie up in a cheese cloth. Put all master sauce ingredients in a narrow and deep pot. Add beef shank and bring to a boil.

3. Lower the temperature to simmer and cook for another 40 minutes. (Or in a pressure cooker for 18 minutes). Do not open the lid and let it sit for another 30 minutes.

4. Put the cooking pot in a larger pot filled with ice cold water to cool down quickly. After it cools completely, let shank meat soak in the cooking liquid in refrigerator for 6-8 hours. Remove from master sauce and slice thinly.

5. Bring a cup of cooking liquid to boil and boil to reduce volume by one half. Add the vinegar to taste and pour over sliced beef shank. Drizzle some sesame oil and garnish with cilantro or green onion.

TIPS
◎ 預先烹調：滷汁快速冷卻後，經過濾後，冷凍保存可重複使用。做好的牛腱（濾除滷汁）可冷凍保存一個月，但勿浸泡於滷汁中超過兩天，以免過鹹。

◎ 烹調變化：滷汁可用來滷其他肉類或豆干，亦可醃肉。

⊙ To make ahead: Master sauce can be reused after it has cooled and been stored in the freezer. Braised beef shank (without master sauce) can be stored in freezer for a month. Do not soak meat in master sauce for more than 2 days. It might become too salty.

⊙ Variations: you can braise a different meat or tofu in master sauce. Master sauce can be used to marinate meat.

☀1 山奈（sand ginger）：又稱沙薑、三奈等，狀似台灣山薑，原產於印度，目前廣泛運用於各國料理。通常和其他香辛料搭配使用，芳香帶點鹹味，是滷味包不可或缺的香料。

☀2 黑豆蔻（black cardamom）：屬薑科的香辛料，常用於印度咖哩和滷味。

台式炒米粉 *Taiwanese Fried Rice Noodles*

份量	4~6 人份

Makes 4-6 servings

材料

300g 米粉，泡熱水、瀝乾
1/4 杯炒菜用油
30g 蝦米，需浸泡
50g 瘦里脊豬肉，切絲
50g 高麗菜，切絲
5 個台灣香菇，泡軟、切絲
30g 胡蘿蔔，切絲
15 個新鮮豌豆莢，汆燙半熟
3 支蔥，切段
1½ 杯水或雞湯
1 大匙醬油
1 小匙白胡椒
2 杯豆芽菜

10½ oz. rice noodles, soaked and drained
1/4 cup oil for stir-frying
1 oz. dried shrimp, soaked and drained
1¾ oz. lean pork tenderloin, julienned
1¾ oz. cabbage, julienned
5 mushrooms, julienned
3/4 oz. carrot, julienned
15 snow pea pods, fresh, whole, blanched (cooked and shucked)
3 green onions, cut in 4 cm strips
1½ cup (360 cc.) water or chicken stock
1 Tbsp. soy sauce
1 tsp. white pepper
2 cups green bean sprouts

做法

1. 以熱水將米粉燙軟後，瀝乾，蓋上蓋子，靜置備用。
2. 炒鍋加熱後，先入油後，再依序加入香菇、蝦米、豬肉絲、蔥白、胡蘿蔔、高麗菜拌炒。
3. 待豬肉絲熟透、高麗菜軟化，即可加水煮沸，再入米粉拌勻後，蓋上鍋蓋，轉小火燜 2 分鐘。
4. 最後，加入豌豆莢、豆芽菜，以醬油、白胡椒粉酌量調味，轉大火，快炒米粉，直至湯汁收乾，即可上桌。

DIRECTIONS

1. Soak rice noodles in hot water until soft, drain and cover with a lid to keep moist and warm, set aside.
2. Heat oil in a wok, then add mushrooms, dried shrimp, pork, green onion, carrots and cabbage one at a time, cooking slightly before adding the next item. Stir-fry.
3. When the pork is cooked and cabbage is softened, add water, bring to boil, add rice noodles and mix well. Cover with a lid, reduce heat and cook for another 2 minutes.
4. Add pea pods and bean sprouts. Season with soy sauce and white pepper. Turn up the heat to high. Stir-fry the rice noodles until the sauce has evaporated and serve.

TIPS ◎ 預先烹調：提前 1 小時前做好，從下方以蒸氣保溫，直至上菜。

⊙ To make ahead: Make one hour ahead and hold in a warm water bath before serving.

茄汁糖醋蝦 *Sweet and Sour Shrimp*

份量 4 人份	Makes 4 servings

材料　8~12 隻明蝦（依大小而定），去殼、去腸泥
　　　1 個蛋白
　　　1/4 杯茨粉（玉米澱粉或太白粉）
　　　1 杯油
　　　1 支西洋芹，切片
　　　1/2 個洋蔥，切片

　　　糖醋醬汁材料：
　　　2 小匙薑汁
　　　1/2 杯蕃茄醬
　　　1 大匙醬油
　　　1 大匙糖（酌量）
　　　1 大匙醋（酌量）
　　　1 大匙茨粉
　　　1 大匙冷水

做法　1. 明蝦以蛋白醃 20 分鐘。
　　　2. 混合糖醋醬汁的所有材料，備用。
　　　3. 瀝乾明蝦後，裹上茨粉。
　　　4. 以大火熱油，分次將明蝦炸至呈紅色，立即起鍋，以此炸完所有明蝦。
　　　5. 保留 2 大匙油於鍋內，其餘倒除。將洋蔥、西洋芹放入鍋中爆香後，倒入所有糖醋醬材料，翻炒至沸騰，醬汁轉濃稠。
　　　6. 加入明蝦一起翻炒，待每隻蝦均勻裹上醬汁，嘗試味道後，酌量調整鹽量，即可起鍋裝盤。

8-12 prawns (depending on size), peeled, deveined
1 egg white
1/4 cup corn starch
1 cup oil for stir fry
1 stalk celery, sliced
1/2 onions, sliced

Sweet and sour sauce ingredients:
2 tsp. ginger juice
1/2 cup tomato sauce
1 Tbsp. soy sauce
1 Tbsp. sugar, or to taste
1 Tbsp. vinegar, or to taste
1 Tbsp. corn starch
1 Tbsp. cold water

DIRECTIONS
1. Marinate prawns in egg white for 20 minutes.
2. Combine all sweet and sour sauce ingredients together, mix well and set aside.
3. Drain prawns well and coat with cornstarch.
4. Heat the oil to high. Cook a few prawns at a time to prevent temperature from dropping too fast. Deep-fried until the prawns turn pink and immediately remove from pan. Set aside. Repeat until all prawns are cooked.
5. Pour off excess oil, leaving only 2 Tbsp. of oil in the pan. Add onion and celery and cook until onion softens and fragrance is released. Add the sweet and sour sauce and mix well. Bring to boil and cook until the sauce has thickened.
6. Add the prawns and stir until shrimp are completely coated with sauce, Add salt to taste (if needed) and serve.

TIPS　◎ 預先烹調：預先烹調，但可先備好所有材料、調好醬汁，待上桌前再炒。
　　　◎ 烹調變化：以新鮮百合取代西洋芹。

⊙ To make ahead: Not recommended.
⊙ Variations: Substitute celery with lily bulb.

台式三杯雞 *Three Cups Chicken*

| 份量 | 2~3 人份 | Makes 2-3 servings |

材料　3 隻雞腿（1kg），切塊
　　　20 片薑片
　　　20 個大蒜
　　　1/2 杯米酒
　　　1/3 杯醬油
　　　1/4 杯麻油
　　　3 大匙糖
　　　1 支蔥，切段
　　　2 杯九層塔

做法　1.熱鍋後，先加熱麻油，炒香薑片、大蒜後，
　　　加入雞塊炒至變色。
　　　2.續入米酒、醬油、糖，煮沸後，轉小火，
　　　煮 6~8 分鐘，至汁液呈濃稠狀。
　　　3.改以大火收乾汁液，最後加入九層塔和蔥
　　　段，熄火拌勻，即可上桌。

2 lb. chicken drumsticks (about 3), boneless cut 1-inch pieces
20 slices ginger, peeled
20 cloves garlic, peeled
1/2 cup rice wine
1/3 cup soy sauce
1/4 cup sesame oil
3 Tbsp. sugar
1 green onion, cut 1-inch pieces
2 cups Thai basil leaves or basil

DIRECTIONS

1. Heat wok to high heat. Add sesame oil; sauté ginger and garlic until browned. Add chicken and cook until pieces seal and become slightly discolored.
2. Add the rice wine, soy sauce and sugar and bring to a boil, lower the temperature to simmer and cook until sauce has thickened, about 6-8 minutes.
3. Turn up to high heat and continue to cook, stirring, until the sauce is almost gone. Add green onion and basil and remove from heat. Give a quick stir and serve immediately.

TIPS　◎ 預先烹調：最後提升香氣的九層塔暫時不放，前一天做
　　　好，冷藏保存，食用前再加熱，待上菜前才加入九層塔。
　　　◎ 烹調變化：以中卷取代雞肉，即成三杯中卷。
　　　⊙ To make ahead: You can make one day ahead but omit the basil. Reheat and add basil just before serving.
　　　⊙ Variations: Use calamari instead of chicken to make Three Cups Calamari. Substitute Thai basil with basil.

清蒸魚 *Southern Style Steam Whole Fish*

份量　2~4 人份

Makes 2-4 servings

材料　1 隻新鮮石斑或海鱸（約 600g），去鱗及內臟
5 片薑片，去皮切絲
2 支蔥，切絲
1 支新鮮紅辣椒，去籽、切絲
2 大匙香菜
1/4 杯蒸魚醬油，先預熱
2 大匙植物油（橄欖油除外）

1 whole sea bass or rock fish (about 1.3 lb.), scaled and gutted
5 slices ginger, skinned and thinly sliced
2 green onions, thinly sliced
1 red chili pepper, seeded and thinly sliced
2 Tbsp. cilantro
1/4 cup seasoned soy sauce (specially made for fish), warmed
2 Tbsp. vegetable oil (not olive oil)

做法　1. 將魚以架子或筷子墊高，置於盤上，待蒸鍋內的水沸騰後，放入盛魚的盤子，闔上鍋蓋，蒸 7 分鐘，立即熄火。
2. 待 2 分鐘後才掀鍋蓋，將魚放在要上菜且已預熱的盤上（讓魚保溫），淋上預熱的蒸魚醬油。
3. 將薑片、蔥絲、辣椒絲、香菜均勻地撒在魚肉上。
4. 加熱 2 大匙油後，趁熱，淋於蔥薑絲，使香氣散出即可上桌。

DIRECTIONS

1. Arrange fish on a small rack (or use chopsticks) on top of plate. After the water in the steam pot has come to a boil put in the whole plate with fish to steam. Cover and cook for 7 minutes. Immediately remove from the heat.
2. Wait 2 minutes before opening the lid. Remove the fish to a warm serving plate. Pour the seasoned soy sauce over the fish.
3. Arrange ginger, green onion, chili and cilantro evenly on top of the fish.
4. Heat up 2 Tbsp. of oil to very hot. Pour the hot oil on top of the ginger and green onion. The fragrance will release. Serve immediately.

TIPS　◎ 預先烹調：不建議預先烹調。
◎ 烹調變化：以 2 大匙醬油、1 大匙糖、1 大匙醋和 1 個切碎的大蒜取代蒸魚醬油。
⊙ To make ahead: No recommended.
⊙ Variations: Replace seasoned soy sauce with 2 Tbsp. soy sauce, 1 Tbsp. sugar, 1 Tbsp. vinegar and 1 clove finely chopped garlic.

蝦豆腐春捲 *Tofu Shrimp Spring Roll with Plum Sauce*

份量　8 人份

材料
1 盒豆腐（約 400g）
8 張春捲皮
454g 蝦，剝皮，切碎
3 支蔥，切碎
1 大匙薑汁或薑末
1 大匙米酒
1/2 小匙白胡椒粉
1/2 小匙鹽
1 大匙芡粉 ❊ 3 與水混合（封住春捲 ❊ 4）
適量煎炸用的植物油（倒入鍋內能淹過春捲的深度）

沾醬：
少許蘇梅醬加醬油

做法
1. 將豆腐裹在紙巾裡約 20 分鐘，瀝掉多餘水分後，切成春捲大小的長度 8 份，備用。
2. 將蝦、蔥、薑汁、米酒、鹽和白胡椒拌勻。
3. 春捲皮的尖端朝下，使其形成一個菱形，加入 1 和 2，仔細捲包，尾端以芡粉水將結構封住。
4. 將鍋內的油預熱至 190℃，每次放入 2~3 條春捲，以不讓溫度降至 180℃以下為原則，炸約 2 分鐘 30 秒，直至金黃酥脆。
5. 起鍋後，將春捲斜切一半，蘇梅醬汁置一旁。

Makes 8 servings

1 package tofu (about 14 oz.)
8 spring roll wraps
1 lb. skinned shrimp, chopped
3 green onions, finely chopped
1 Tbsp. ginger juice
1 Tbsp. rice wine
1/2 tsp white pepper
1/2 tsp salt
1 Tbsp. potato (or corn) starch, mixed with equal amount water (to seal the spring roll)
Vegetable oil for deep-frying

Sauce
plum sauce, mixed with soy sauce to taste

DIRECTIONS

1. Wrap tofu block in paper towel; let sit for about 20 minutes to drain off excess water. Cut tofu into spring roll size lengths, divided into 8 slices
2. Combine shrimp and green onions, ginger juice, rice wine, salt and pepper, and mix well.
3. Place spring roll wrap in front of you, add tofu, and shrimp mixture. Wrap well. Seal with potato starch mixture.
4. Pre-heat the oil to 375°F for deep-frying. Put in only 2 to 3 wrapped spring rolls to cook each time. Do not let the temperature drop below 350°F . Fry until golden brown, about 2½ minutes.
5. Cut spring rolls in half if desired. Serve with prepared plum soy sauce on the side.

TIPS
◎ 預先烹調：不建議預先烹調。
◎ 烹調變化：改用鮮蠔取代蝦。
⊙ To make ahead: Not recommended.
⊙ Variations: Replace shrimp with oyster.

❊ 3 芡粉：使用馬鈴薯、太白粉或玉米粉皆可。

❊ 4 春捲包法：將春捲皮置於桌上，尖端朝下使其形成一個菱形，將餡料橫放於中間下方約 1/3 位置，最下方尖端滾住餡料到 1/2 位置後，將兩邊的尖端左右對摺進來，在上方尖端及兩側塗上芡粉水，繼續滾完成條狀，並將結構封住。

干貝芥菜 *Mustard Green with Dried Scallop Sauce*

份量	8 人份	Makes 8 servings

材料　5~6 個干貝乾（約 35g）泡水，剝成絲
1/4 杯水
454g 芥菜切塊
1½ 杯雞湯
1/2 小匙鹽（或適量）
1 大匙茭粉
1 大匙水

5-6 dried scallops (1¼ oz.)
1/4 cup of water
1 lb. mustard greens , cut 1 inch
1½ cups chicken broth
1/2 tsp salt (or to taste)
1 Tbsp. corn starch
1 Tbsp. water

做法　1. 將干貝泡在 1/4 杯水中，變軟後剝成細絲置於浸泡的水中。
2. 將芥菜以煮沸的鹽水汆燙，立刻用冰鹽水冰鎮，瀝乾備用。
3. 將雞湯、干貝與水用大火煮沸後，放入芥菜用小火煮 5 分鐘然後撈起鋪在已預熱的盤子上。湯汁留在鍋內。
4. 茭粉加水混入湯汁，煮沸後讓湯汁續煮一分鐘後起淋在芥菜上。

DIRECTIONS

1. Soak scallops in 1/4 cup water until softened, then pull them into filaments. Rreserve in soaking water.
2. Briefly cook mustard green in boiling salty water until they turn bright green, and immediately chilled with salty ice water. Drain.
3. Bring chicken broth, scallops and water to a boil. Add mustard greens. Cook for 5 minutes. Place mustard greens on warm serving plate. Reserve the sauce in the pan.
4. Mix starch with 1 tbsp. water. Add to the sauce. Bring to a boil and cook 1 minute longer. Pull on top of mustard greens and serve.

TIPS　◎ 預先烹調：不建議預先烹調。
◎ 烹調變化：使用新鮮蛤蜊肉及汁。

⊙ To make ahead: Not recommended.
⊙ Variations: Use fresh clam meat and juice.

獅子頭粉絲煲 *Lion Head with Bean Thread Stew*

份量	8 人份	Makes 8 servings

材料	湯頭：
	8 片金華火腿，薄片
	2 片薑
	4 杯雞湯
	6 片大白菜葉

Soup base ingredients
8 slices ham, thinly sliced
2 slices of ginger
4 cups chicken broth
6 napa cabbage leaves

肉丸子：
454g 豬絞肉
1 個雞蛋
6 個荸薺，去皮切碎
2 大匙米酒
2 大匙淺色醬油
2 小匙蔥，切末
2 小匙薑，切末
1/2 小匙鹽或適量
1 小匙玉米澱粉
1 杯玉米粉或適量，沾肉丸子外面用
適量煎炸用的植物油

Meatball ingredient
1 lb. ground pork
1 egg
6 water chestnuts, peeled and chopped
2 Tbsp. rice wine
2 Tbsp. light-colored soy sauce
2 tsp green onion, minced
2 tsp ginger, minced
1/2 tsp salt or to taste
1 tsp corn starch
1 cup corn starch (or more) for coating
vegetable oil for deep-frying

配料：
8 朵香菇，冷水泡軟
1/2 個紅蘿蔔
1 個冬筍，切片
1 盒凍豆腐（約 400g），解凍瀝乾
6 片大白菜葉，切 3 吋大小
1 把粉絲
適量的鹽和白胡椒
少許香菜

Other ingredients
8 mushrooms, soften in cold water
1/2 carrot, thinly sliced
1 bamboo shoots, thinly sliced
1 box frozen tofu (14 oz.), defrost and drained
6 cabbage leaves, cut into 3-inch
2 oz. bean thread, soften in water and drained
salt and white pepper to taste
cilantro for garnish

DIRECTIONS

1. Mix the meatball ingredients except the 1 cup corn starch. Shape mixture into 2-inch meatballs. Lightly coat meatballs with remaining corn starch and deep-fry until browned on the outside. Meatballs are not completely cooked at this time.

2. Bring the soup base mixture to a boil, and then simmer for 20

做法	*1.* 將肉丸子材料全部混合拌勻（1 杯玉米粉除外），做成直徑 2 吋的肉丸子，外層沾上薄薄的玉米粉，油炸至金黃色，這時肉丸子尚

未煮熟。

2. 將湯頭材料大火煮沸後用小火慢燉 20 分鐘。把肉丸子放進湯裡，再放入香菇、胡蘿蔔、竹筍和豆腐煮沸後，再小火燜 15 分鐘。

3. 加入 6 片大白菜再續煮 15 分鐘，最後 5 分鐘加入粉絲。用鹽和白胡椒調味。上桌前撒上香菜。

minutes. Place meatballs in the soup. Add mushrooms, carrots, bamboo shoots and tofu and bring to a boil, then simmer for 15 minutes.

3. Add cabbage leaves and continue cooking for anther 10 minutes. Add bean thread for the last 5 minutes. Season with salt and white pepper. Garnish with cilantro before serving.

TIPS ◎ 預先烹調：肉丸子可以先做好，迅速冷卻後可冷凍保存 2 星期。
◎ 烹調變化：將肉丸子用烤箱烤取代油炸，肉丸子表層上些油 190℃ (375℉) 烤到金黃色，約 10 分鐘。本食譜將大白菜分兩次放，湯頭味道較好。

⊙ To make ahead: Meatballs can be made ahead and frozen for up to 2 weeks.
⊙ Variations: Bake meatballs instead of deep-frying. Coat meatballs with oil and bake in 375℉ oven until browned, about 10 minutes.

派對籌備工作倒數 Check List

◆ 倒數 1 天

購足所有食材，滷好牛腱置冰箱入味。可先將肉丸子做好。

....

◆ 倒數 8~2 小時

煮紅豆湯。備好餐具、杯子、開瓶器及飲用水。備好茶具。備好每一道菜的所有食材。

....

◆ 倒數 2~1 小時

確定已將白酒放入冰箱（或更早）。預熱烤箱，設定在最低溫。把即將要盛菜的碗盤送進烤箱加熱。取出牛腱恢復室溫，切片擺盤。做獅子頭粉絲堡及三杯雞。

....

◆ 倒數 60~30 分鐘

捲好蝦豆腐春捲，準備油鍋、蒸鍋。開始依序做炒米粉、茄汁糖醋蝦、干貝芥菜、蓮藕片炒鎮江醋。先做好的菜可暫放最低溫烤箱保溫（內置熱開水一杯，製造些蒸氣，適時關掉電源以免溫度過高）。

....

◆ 倒數 30~20 分鐘

將白酒從冰箱中取出，紅酒放入冰箱冰鎮 20 分鐘，打開紅酒。開始炸春捲，開始蒸魚。

....

◆ 用餐時刻

倒上飲品，白酒放冰水浴。

....

向大廚學廚房管理

以前忙碌的時候，享用美食的念頭一來，就是掏出手中的汽車鑰匙，想吃什麼特殊好菜，只要發動鑰匙就能直接驅車前往，自在得像風，一陣疾風飛抵我思念味道，回程雖攜帶了飽腹及滿足，風卻顯得輕了。移民後，取代車鑰匙的是我的一堆鍋鏟及廚房道具，任我遨遊的廚房帶我到更貼心的境界，只選我愛的食材，只煮我要的味道。除了口欲的滿足還有成就感的滿足，這一堆形形色色的玩具，除了增加做菜的樂趣，它們的便利性有時還真是無可取代。什麼廚房道具最值得買？什麼是最基本的配備？在這兒我就做一個介紹。

古早時的涮羊肉之所以出名，除了醬料調配得宜，將羊肉切得薄如紙片是很重要的因素，擁有切菜師傅的刀工在當時足以名聞鄉里。活在現代，儘管我們學東西的速度很快，但是人的刀工再好也不敵機器的快速和整齊，面對大量食材時，機器的便利和快速，更讓我們不得投降臣服，你不一定要擁有它們，但有了它們，絕對會促進你做菜的意願，讓這件每日必須做的功課也成為一種有趣的遊戲。

無論如何，手工永遠有其價值，無法完全被取代。有人能夠擁有精緻高超的手藝，絕對是經過無數次的練習，所以當你做不出人家店裡成品的樣子，請千萬不能氣餒！因為那些形狀美美的食物，非但經過反覆練習，還得藉助很多道具的幫忙，而不單是一雙手。更何況調製出最可口的食物，才是更需要專注的重點，千萬別落入裝飾過度，讓人感覺食物曾經在手中把玩太久而喪失食欲的盲點。

面對華人廚房少有的嵌入式全設備烤箱，有很多人因為清洗不易而選擇不使

溫度計要經常做校準

美式量杯和量匙

用，或者因為習慣使用最熟悉的清蒸、炒、煮、燉等方法繼續做我們熟悉的菜，也有人面對那些跟著房子一起買下來的高級烤箱摸不著頭緒，因為上面有著多種讓人無所適從的功能，什麼是 Broil？什麼是 Bake？什麼又是 Roast？以下將會稍作解釋。

如果你是初學，為了確保成功，避免憂慮要煮多久？煮熟了沒？準備一些道具更是必要，最值得投資的廚房器具，其實不是鍋碗瓢盆，一只名牌鍋子不會增加太多做菜的功力，但是有些道具卻可以。例如：溫度計讓你清楚監視食物烹煮過程，有助於廚藝精進；用對了鍋具材質，可以保持食物的原味。花一些時間來研究廚藝，是一旦學會就可以成為終身享用的技能，非常值得投注時間與金錢。

所以，我建議大家用科學的方法來做菜，會讓你進出廚房不再是個負擔。我們仰賴一份將份量及時間計算好的精確食譜，用量杯、小茶匙、大桌匙或食物處理機，幫忙做出每一次都一樣的好味道，既能複製美味又能省去過程中的忙亂和緊張。有了計時器，就不用再擔心這菜到底要煮多久，甚至中途還可以打打電腦，或是三、四道菜同時進行，縮短完成的時間。第一次油炸，只要有一支可以承受高溫的溫度計，就能安心地看著指標升到 180~190℃（350~375℉）之間，炸出酥脆而不油膩的好口感；用一般溫度計測量正確的水溫，好讓酵母生長麵團發酵，溫度計插入烤箱內的火雞，就能知道整隻雞熟了沒，無論牛排要五分或七分熟都沒問題；有些溫度計附有鬧鐘，將它插入烤箱內的肉，待溫度達到時，鬧鈴響起，提醒著該出爐了。要下多少麵條才夠四個人吃？將磅秤拿來量一量，一個人兩盎

烘焙時電子磅秤有助於材料比例的準確度

司剛剛好（除非有人想要增肥）。這就是我所謂用科學來做菜，不用自己摸索，經驗可以快速取得，所以，上列器具才是家廚必備的實用道具。

　　煮菜是科學的，做甜點更是一連串的化學和物理變化，所以應該要很精確，建議你依食譜一步一步做，初學時不要隨意更換食材、減量或加量，因為有些食材的多寡是決定整道菜風味的關鍵，而且食材之間有一些相對的化學反應，必須存在於一定的比例，尤其是甜點的材料份量，除非食譜有提出一些替換的材料，不要隨自己喜好加減或更換，否則將影響成品。重視甜點的法國人的食譜書乾脆都用重量測食材，避免美式杯匙測量時緊密度不同的不定性。

建議的必備廚房道具

◎**美式量杯**　本書使用美式量杯（非大同電鍋的量米杯）。大同電鍋量杯＝3/4美式量杯＝約 169ml（cc）

◎**小匙**　又叫茶匙（英文「teaspoon」簡化為「tsp.」），約 5 ml。

◎**大匙**　又叫桌匙（英文「tablespoon」簡化為「Tbsp.」），約15ml，1 大匙＝3小匙。

◎**計時器**　要有鬧鈴功能。

◎**溫度計**　無論電子液晶顯示或指針式溫度計，都需確認準確度而且定時校正，校正方法可將感溫棒放到沸水中，看是否顯示 100℃（212℉），或是冰塊水中

是否為 0℃（32℉），當作調整標準。高溫的溫度計需耐熱 200℃（400℉）以上，且可放入熱油或煮糖用。烤箱內專用溫度計則用來偵測烤箱內實際溫度，雖然每一個烤箱都有調整溫度的刻度，然而每戶人家的烤箱不同，即使相同品牌，都可能因使用年歲不同，導致實際加熱溫度不一定與烤箱的刻度相符。所以建議在烤箱內另外放專用溫度計，對於想要烘培出令人完全滿意的菜，這是非常必要的配備。

◎磅秤　最好有公克（g）和盎司（oz）顯示，食材多數都很輕，所以買一個刻度細又精確的較佳。

鍋具

材質選擇

　　食物擁有不同的酸鹼值，碰上不同的餐廚具材質，會有不同的反應，最常見的材質有不鏽鋼、鋁、銅和其他材質一起組合成的鍋具。不鏽鋼材質穩定，不易與食物發生反應，不會為食物添加了你所不想要的金屬味；鋁的導熱快，但有釋放毒素的疑慮；銅鍋怕酸，卻能均勻導熱。以上列材質層層重疊組合出的鍋具，如以不鏽鋼做外層，其他材質做內層，則能避免單一材質的缺失，就成為可以傳家的好鍋具，用一輩子也不會壞，然而，這樣的鍋具，缺點就是非常沉重。

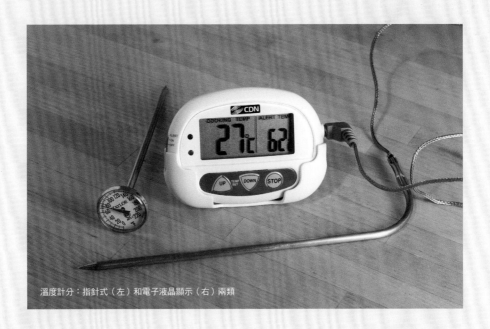

溫度計分：指針式（左）和電子液晶顯示（右）兩類

鍋具把手，建議選購可以連同鍋子一起放進烤箱的，因為大部分的煮食都可以在烤箱中完成，既然得加熱一個大大的烤箱，何不將在火爐上煮的菜一併送進烤箱，充分利用熱源。例如：燉肉時，將整鍋肉煮沸後，再放進 121~163℃（250~325℉）的烤箱內，看要煮多久，即可設定烤箱自動關掉電源。

不沾鍋的迷思

　　輕盈又容易清洗，是不沾鍋最受歡迎的原因，但那一層表面的塗料製法總有退去的時候，而且食物比較難煮出所謂褐變「梅納反應」的好味道，所以專業廚師比較不喜歡。此外，鐵氟龍（Teflon）塗層可能釋放致癌毒素的問題，值得慎重考慮。新一代壓力鑄鋁製成的陶瓷鈦塗層不沾鍋，就沒有釋放毒素的疑慮，因此，購買不沾鍋時，陶瓷鈦塗層是比較好的選擇。煎魚必須使用高溫，只要擦乾魚表面，撒上麵粉，抖掉多餘的麵粉，讓魚沾上薄薄的一層粉再放入熱油鍋，既吃不出麵粉，而且什麼鍋都不會沾魚。所以最需要添購的不沾鍋尺寸為常用的20cm（約 8 吋），適合煎蛋或做美式蛋餅。

鍋鏟

　　所有看似堅硬的鍋具，最好還是不要用尖銳材質的鍋鏟，尤其是不沾鍋，應

不沾鍋要使用不會釋放毒素的陶瓷鈦塗層。

搭配木製或矽膠鍋鏟。看起來很像塑膠的矽膠，材質耐高溫可達220℃（425℉），很多人都以為它只可以拿來刮取食物，其實它具彈性可伸縮的特性，除了方便刮取食物，做菜時也可以當鍋鏟，以保護鍋子內層，延長壽命。市售各種不同形狀及大小，是家廚必備的好道具，選購時應確認材質是否為耐高溫的矽膠而非一般塑膠。

烤箱設備

烤箱分一般烤箱（oven）與對流烤箱（convection oven，又名旋風烤箱），較高級的烤箱則兼具兩種功能。各家品牌按鈕名稱也有所不同，建議初次使用前，細讀說明書，這裡列出幾項需要解釋的功能：

(1) 一般烤箱：一般食譜都是以這種烤箱的溫度做基準。

Bake（烘焙）指熱的主要來源從上下兩方加熱，食物受熱通常不平均，所以烤到一半時需要更換移動食物擺放的位置，這樣烤出來才不會不均勻。

Broil（上火燒烤）指熱的主要來源從上方加熱，適合烤魚或是迅速加熱融化表面撒上乳酪的菜肴，使用這個功能時，應將食物架高以接近熱源約 2 到 5 吋，以達到最佳效果。

(2) 對流烤箱：指熱的主要來源是從上下兩方，另外又加上風扇，使熱源對流，熱度均勻加速食物熟成，使用這種烤箱必須將溫度調降 15℃（25℉）。例如：食譜所需溫度為 177℃（350℉），則對流烤箱設定溫度為 162℃（325℉）即可，同時要預期縮短食物烤完的時間。請注意：有些品牌的烤箱會自動為你調整成食譜溫度，當你開 177℃（350℉）時，烤箱只加熱至 162℃（325℉），所以應詳閱說明書。萬一書面說明書已丟棄時，那麼，只要記住型號，就能透過網路下載使用說書。

Convection bake（旋風烘焙）這個功能適合一次放好幾層食物，例如：餅乾、司康、鬆餅。

Convection roast（旋風烤）指熱的主要來源是從上方，另外又加上風扇，適用於烤一整大塊肉，例如烤火雞、全雞、羊腿、乳豬等。

一點訣

火候的藝術

溫文的小火可摧化最堅硬的肉質，而熾熱烈火能將食物冶煉成焦糖，產生

非凡的甜美，卻使蛋白質收縮變硬，該如何掌握才能讓肉質兼顧柔軟與甜美？廚藝就是兩者之間切換的技巧。最小的火候是清蒸，慢燉溫度介於 85~96℃（160~180℉），蛋白質在這個溫度容易被化解，所以肉質柔軟，對付那種帶筋或很硬的肉質（如肋排），建議先蒸過或放入冷水以中火煮至沸騰後，立刻轉小火煮到熟，或轉用烤箱，肉質一定比烤箱直接烤出的柔軟。

焦糖化

糖是醣類（碳水化合物）。將糖加熱後，不同溫度會轉化成不同的結構式，呈現不同的柔軟度，溫度越高越硬。例如：煮至 155~160℃（311~320℉）可以拔絲，做拔絲地瓜或香蕉；煮到 160~170℃（320~338℉）會焦化，成焦糖，單獨品嘗糖只是甜，但是焦糖的味道就有趣多了。

肉類、蔬菜和水果都含有醣類，肉類又含有胺基酸，經過加熱產生複雜的化學變化，稱為褐變（梅納反應），顏色會變得像焦糖，英文乾脆稱食物褐變為「焦糖化」（Caramelize）。

做菜時，我們通常先將鍋子燒得很熱，再以油作為媒介，是為了提高溫度，讓肉類及蔬果表面焦糖色化，以增加風味，這是一個很重要的步驟，所以，油炸要到金黃色才會可口。想讓食物表面焦化而不影響全部質感，技巧在於溫度足、速度快，短時間完成焦糖化後立刻轉小火，完成其餘未熟的部分。

餘溫燜煮

烹煮食物到接近尾聲時，就算把熱源關了，鍋具和食物上都還存有相當的熱能，這些熱能會讓食物繼續熟成，所以選擇關火的恰當時機很重要，烹煮大塊的肉或大鍋食物時，一定要在食物尚未全熟時就關閉熱源。肉越大塊，關火後續煮的情形越明顯，例如，關火時測量大塊肉的最中心位置溫度為 71℃（160℉），加以適當遮蓋且放置溫暖位置，靜置 10~15 分鐘後，溫度將上升至 75~76℃（167~170℉），所以選擇關掉熱源的時間非常重要，這是不會將肉煮過熟的關鍵技巧。

◎牛排烹煮成熟度的參考（請考量肉塊大小）：
1. 非常生（Extra-rare）：溫度為 46~49℃（115~120℉），中間肉色呈鮮紅，手感柔軟以及濕軟。這時肉本身沒有太多溫度可以餘溫燜煮，所以即使提前停止熱源，溫度也不會上升太多。

2. 生（Rare，約一分熟）：49~52℃（120~125℉）時關閉熱源，最後完成溫度為 52~55℃（125~130℉）。

3. 半熟（Medium Rare，約三分熟）：52~57℃（125~135℉）時關閉熱源，最後完成溫度為 55~60℃（130~140℉），中心非常粉紅，向外部分略成褐色，微熱。

4. 中度熟（Medium，約五分熟）：56~60℃（133~140℉）時關閉熱源，最後完成溫度為 60~65℃（140~150℉）中心是淺粉色，外層部分是棕色。

5. 中度較熟（Medium well，約七分熟）：62~53℃（143~145℉）時關閉熱源，最後完成溫度為 65~69℃（150~155℉）。

6. 全熟（Well Done）：最後完成溫度為 71℃（160℉）以上，牛排是均勻的棕色。

◎**絞肉**：一定要煮到 71~73℃（160~165℉）持續煮最少 15 秒，呈現均勻褐色，不再有粉紅色。如果在外用餐點漢堡，不要點半生熟的漢堡絞肉，全熟較安全。

◎**燙青菜**：燙青菜時先將水煮沸後加鹽，因為水的透析原理，在水中加鹽既可增加青菜的味道，又能避免營養流失。若想保持青菜翠綠，則可在炒菜前先在煮沸鹽水中汆燙後立刻用冰水冰鎮，別忘了一樣的透析原理，冰水中也是要加鹽。還有，別讓青菜在冰水中泡太久，冰涼後就應立刻取出。

◎**蒸食溫菜**：蒸煮食物時，應等到水沸後才把食物放上去蒸。對於再次加熱的肉類，這是一個很理想的溫菜方式，因為蒸氣中的水分，會讓肉類保持濕潤，而且

掌握熱源關閉時間，是利用餘溫燜煮的關鍵

火侯溫和，不會因為再次加熱而煮過熟。

◎油炸食物：將油加熱至 180℃（350℉），即可開始炸食物，一次不要放太多，以免油溫降太快，確保油溫保持在 180~190℃（350~375℉），最後起鍋前應在高溫 190℃（375℉），高溫會將食物中的油逼出，炸出來的食物就不會油膩膩。

增加風味的祕訣

(1) 選用具有鮮味的食材來搭配：有些食材天生就有好味道，被稱為具有鮮味的食材。日本人給了這鮮味一個名字，叫 Umami，有 Umami 的食材，例如：魚肉中乾鰹魚片、鹹肉、鰻魚、貝類及蝦子；蔬菜類的香菇、海帶、番茄、白菜、白蘿蔔；或陳年製品，如乳酪、蝦醬、醬油、豆豉等。西式或中式高湯主要味道是胺基酸，主源於熬燉骨頭、肉再加上一些菜製成。

(2) 利用溫度的改變：如果你知道科學的道理，蛋白質遇冷會收縮，滷好的牛腱放進冰箱，讓滷汁趁蛋白質收縮時將味道滲入肉裡，味道比剛滷好就撈起來吃更好。所以，不見得每一樣菜都要現煮現吃才叫美味，有些菜反而需要前一天做好才會更好吃，例如：法式洋蔥湯、紅酒燉牛肉，都適合前一天先做好，隔天再享用。

(3) 醃料抽真空：如果希望醃肉能早點入味，則可用抽真空的方式讓醃汁迅速入味，坊間有售可以抽真空的罐子（照片見 240 頁），通常是一整套，專門用來儲藏食物，有抽氣棒或機器、罐子和蓋子，蓋子邊緣因為有矽膠，所以可以封住不透氣。人們通常用來儲存乾糧，市面上也有售大型醃肉專用的，無論大小，只要能放進你要的肉及醃汁均可。使用方式只要把醃汁和肉拌勻，放進容器抽真空，造成壓力將醃汁逼進肉裡，能節省約十倍時間。

(4) 新鮮配熟成：久煮後的番茄醬汁可在收尾前再加入新鮮番茄，增加層次感，這原本就是同樣的食材，所以口味一定相配。將醃製過的食材配新鮮，上海菜醃燉鮮的「醃」是醃肉（即鹹豬肉），也有人用火腿肉，「鮮」是鮮豬肉。煮蘋果或芒果，使用不同的品種，或是把青澀與成熟並用，都可以擷取更廣度的風味。漸進式的加入調味的香料或鹽也是方法之一。

(5) 以微酸提味：在很多食物中加入幾乎無法被察覺的酸，會強化食物中鹽的味覺，顯現更豐富的味道，許多的甜品中加入些許的鹽，也會提高甜的味覺。酸同時也可減少食物的敗壞，而且酸性食物經過腸胃代謝後在體內不盡然呈現酸性。久燉的食物味道顯得暗沉，上菜前也可加入一些醋、檸檬汁或酸奶來提味。

(6) 時間的哲學：將食物晾在一邊也可以增加風味，例如，蔬果食材剛回家時，有的還需要一點時間慢慢熟成；揉麵團更是急不來，揉一陣子、放鬆一陣子，麵

團才能滑順；肉類剛煮好時都需要靜置片刻，讓肉汁重新分布；釀酒時最後的裝瓶，會讓酒 Bottle Shock 變了味道，所以通常要靜置 8~12 週才會展現該有的美味。就像我們剛加入一個新環境，宜靜觀其變，才能慢慢適應，融入新的人際關係。

食物的保存

時間與溫度

　　冷食要夠冷，熱食要夠熱，中間的不冷不熱一定要避免，所以加熱及降溫速度要越快越好。確保在烹調後的 2 小時內立即降溫至秋冬天的室溫 21℃（70℉）以下，立刻冷藏、冷凍讓溫度在 2~4 小時內降溫到 4℃（40℉）或再加熱食物，避免食物在溫度介於攝氏 5~57℃（41~135℉）之間的危險溫度範圍，時間越短越好，因為這是細菌生長複製倍增的溫度，細菌生長得最快。

　　按照美國餐飲業食品衛生標準，食物放在危險溫度範圍之間，尤其是 21℃（70℉）以上溫度，細菌是以每 20 分鐘增加一倍的數量在成長，超過 4 小時就有致病的危險。冷食放在室溫超過 21℃（70℉）6 小時以上，熱食低於 57℃（135℉）4 小時以上的食物都應該丟棄。很多的細菌不會因為加熱煮熟後就被殺滅，所以快速冷卻跟急速加溫，都是為了確保食品衛生，一般冰箱的冷藏室溫度照標準應在 4℃（40℉）以下，冷凍庫則在 18℃（0℉）以下。

快速冷卻

　　請不要將一鍋熱湯或熱菜放在鍋爐上自然冷卻，自然冷卻過程往往需耗費數小時，這無疑是提供食物滋生細菌的機會，直到完全冷卻送進冰箱時，恐怕已腐敗一半了。最佳方式是置於涼爽通風處，加以冰塊冷水浴，就算是整鍋熱湯也會在 15~20 分鐘內冷卻，若是要放進冷凍庫就分成小袋保存更可以加速冷凍速度，食物就會保持新鮮了，萬一非得把熱食放入冰箱時，請記得留點空隙讓熱氣散出，以加速冷卻。煮過多的食物如果計畫隔天食用，應在煮完後立即與當天食用的份量分開，迅速冷卻存放冰箱，千萬不要等到 1~2 小時後吃剩下的才去存放，這是普遍上最常犯的錯誤。

包裝不要更換

　　讓食物在原包裝中存放。包裝的塑膠袋看起來很像，卻擁有不同的濕度和通

風程度，而不同的食物有不同需求的保存方式，所以，讓一時用不完的食物保存於原有的包裝是最好的，若是存放冷凍需考慮外加防凍包裝。例如，紙盒裝冰淇淋若無法於 2 星期內食用完畢，最好外加冷凍用的厚重塑膠袋密封，才可以保存得較久，因為冰淇淋盒該種紙包裝並不是為了長期保存。

關於解凍

確保食物避開 5~57℃（41~135℉）之間的危險溫度範圍，所以欲解凍的食物應放在冷藏室解凍，而不能放室溫解凍，若需快速解凍，則可將食物連同包裝放在水龍頭底下藉著流動的冷水沖洗，迅速解凍。但凡經解凍過後的魚肉類都不宜再度冷凍。如果冷凍食物必須立即煮食，亦可使用微波爐的解凍功能。經微波爐解凍過後都必須立刻烹煮。

洗淨脫水抽真空

水是細菌最重要的生長媒介。大部分的細菌還必須仰賴空氣中的氧。細菌在乾燥的環境長得比較慢，很多食材自己不容易腐敗，但是潮濕讓細菌容易滋長，所以食物存放時應避免多餘的水分，這時洗青菜沙拉用的脫水器就是個好幫手。例如，洗淨的葡萄可以先脫水後再放入冰箱保存；漿果草莓類洗淨後外加一層廚房紙巾再放入脫水器，但有些漿果草莓類因為外皮極為脆弱，清洗後損傷外皮而容易敗壞，草莓和覆盆子就宜食用前才清洗。

還有，魚買回來，清洗過後，應將表面擦乾，肉類買回來至烹煮之前，最好都不要碰水。藉由抽真空器將存放食物的容器內空氣抽出，可以減緩食物敗壞的速度。例如，葡萄酒瓶中剩酒越少空氣越多，與空氣接觸氧化速度也將越快，抽真空就可減緩氧化的時間。

肉類的保存

切得越細的肉，越容易腐敗。因此處理絞肉應注意時間與溫度，以當天使用為宜，不可存放過久，最長不可超過 2 天。生雞肉尤其容易招惹細菌，放置冰箱時要與熟食分開放，生肉宜放熟食下方避免交互感染。購買已包裝好的肉類可以直接煮食，不需要清洗再存放，避免水分濺洗增加交互感染。

(1) 冷藏：新鮮肉類，例如，大塊雞肉約能存放 1~2 天、大塊豬肉和牛肉約

2～4 天，醃製過的肉類則可存放 5～7 天，煮熟的肉湯經過快速冷卻（如冰水浴或冷水加冰塊）最長可存放 5～7 天，所以剩下的肉湯最好煮完後立即送進冷凍庫保存，而不是存放 5～7 天後才送進冷凍庫。請切記，生香腸是絞肉，雖經醃製也只能放 1～2 天，這也是為什麼市售的香腸大都放防腐劑的原因。

　　(2) 冷凍：未經任何處理的大塊生肉可放冷凍庫長達 1～3 個月，整隻火雞最長甚至可冷凍到 6 個月，但經醃製的肉類，例如，香腸、火腿和培根，最長卻只能存放 1 個月，因為所含的高鹽量會使溫度降更低，因而加速品質的喪失，所以越快使用越好。

　　(3) 油封：經煮熟的肉類可全部浸在油裡，再放進冰箱保存，如此可以延長保存時間，因為油會隔絕氧氣，這是古老的保存食物方法之一，但細菌也有厭氧的，所以存放前的準備過程要謹慎。而且，新鮮度還是會隨時間的增加而減少。

魚蝦貝類的保存

　　魚蝦貝類買回家後，最好當天煮食。萬一無法當天煮食，請先將魚洗淨，擦乾水分，以保鮮膜包覆好，且在上下以冰塊將魚圍住，再放入冷藏室，避免溫度不夠低。若要存放 2 天以上，最好直接購買已冷凍好的魚。解凍過的魚不宜再冷凍。專業冷凍魚通常採急速冷凍的技巧，確保持魚肉品質，非一般家用冷凍庫可

取代，何況多數遠洋魚貨一經捕獲即刻急速冷凍，到市場上才解凍販售。經過急速冷凍的魚，除了鮮度不會改變，也比未曾冷凍過的魚蝦在運送時來得安全。請勿生食未曾冷凍過的捕魚，按規定，生魚片等級的現捕魚貨都需經過固定時間的冷凍處理，至少在-20℃（-4℉）或置於更低溫度的凍箱約1~7天，以凍死寄生蟲。

　　蚌殼貝類（如蛤蜊、生蠔、淡菜、干貝）引起的食物中毒比例為所有食物中毒的榜首，因為有些蚌殼貝類生長環境裡也生長有毒的海藻，這些毒素無色無嗅，也不會被高溫或冷凍破壞，所以採購來源一定要慎選，必須經過確認是有信譽的商家，非來自有毒的海域。煮食時外殼要刷洗乾淨，尤其是海洋在夏季溫暖的氣候，毒素含量較冬季為高，所以，生蠔貝類時應於冬季時食用為佳。

葉菜類的保存

　　重點在於空氣流通和保持濕度，讓葉菜表面乾燥，但是儲存的空間又有足夠的濕氣。葉菜類買回來預先洗淨脫水後，請以乾淨、透氣、微濕的布或廚房紙巾包裹，而不是報紙或有印刷的紙張，否則會有油墨殘留的疑慮，最好能放進有空氣可以流通的保鮮盒或大塑膠袋裡，避免重疊或重壓，如此可保鮮較久，提供足夠的濕氣或水分可使生菜沙拉不會脫水而保持爽脆。青菜買回來越早食用越好，否則即使看起來依然翠綠，其實營養已經喪失。這個保存方法也適用於新鮮香草料、青蔥。

蔬果的保存

　　洋蔥、番茄、馬鈴薯、地瓜要存放於室溫通風乾燥處，最好不要粒粒重疊，尤其是番茄，它自己散發出的氣體會加速彼此損壞。草莓存放溫度不宜過低，仔細挑選冰箱較不冷的位置，而且也應該粒粒分開存放不要彼此接觸，將可保鮮更久。蒜頭也應存放室溫通風處，但是需要遮蔽光源放置於陰暗處。老薑塊可直接置冰箱，不需任何包裝覆蓋，嫩薑就要用葉菜類保存法。

香料的保存

　　乾燥香料的保存越完整越好，盡量不要購買粉狀，否則味道容易因為磨成粉狀而走失，小量購買新鮮，需要使用時才現磨，最好自備磨粉機器或是研缽，將香料保存在密閉且無強光的位置，最長不要超過半年，已磨成粉狀的香料開封後3個月，味道就開始走下坡。乾燥香料也可以用油泡來保存風味，新鮮香草料就

將根部插在有水的杯子，外層再罩盒子或塑膠袋，避免水分喪失過快，或是就用葉菜類保存法。

油類的保存

橄欖油最佳賞味期為 6 個月，最長保存不要超過 2 年，所以少量購買，越新鮮越好。堅果籽類製成的油容易敗壞，例如，核桃油、芝麻油、亞麻子油，都應放冷藏保存，別讓幾滴油破壞了整盤菜的美味。動物油，例如，豬油、鴨油、奶油，冷凍儲存可長達一年，冷藏約 3 個月，油質會吸取冰箱的味道，所以密封包裝很重要。

堅果類的保存

通常油脂含量很高容易敗壞，所以一定要放冰箱，例如，若核桃和胡桃買來時已去掉外殼，預計 1 個月內會用完就放冷藏，超過 1 個月後才用得完，最好直接放冷凍。因為堅果類容易吸附其他味道，所以存放時一定要使用密閉容器，適當包裝可存放長達一整年，解凍後再存放也不會影響品質。

可以抽真空的密封罐

殺菌製罐

　　如何不使用任何防腐劑，卻能讓食物保存得更久？當季盛產過多的食材或是果醬製作可以經過殺菌而製成罐頭，多煮的湯也可以製成罐頭存放更久，但需考慮各種食材的酸鹼值以及海拔壓力的不同，所以每一種食材的殺菌裝罐法都略有不同。坊間傳說製罐的方法有很多，只有兩種是安全的：

　　(1) 沸水製罐：專使用在高酸度食物，以及經過醋或鹽醃製的食物，這是一般家庭殺菌裝罐比較常用的，必須使用專門殺菌製罐的容器，先將容器及所有道具以沸續煮 5~10 分鐘以上，才可以開始裝填食物，裝填好食物，加蓋後也必須

整罐完全浸泡在沸水中續煮 10 分鐘以上，然後才可置於室溫慢慢冷卻，而且冷卻後要確定瓶蓋有縮緊瓶身緊密閉合，才可室溫保存。

(2) 蒸汽高壓製罐：是唯一安全使用在微酸或沒有酸度的食物，食物製罐工廠大都使用蒸汽高壓製罐，家庭製罐也可使用家用快鍋，雖然不需整罐完全浸泡在水中，但同樣有壓力要多少才夠的細節要注意。最需要注意的概念是，其實微酸性的食物更易招惹細菌，所以請確定你要裝罐放室溫的果醬及其他食物確實含有足夠的酸度或鹽分，或是果醬水分是否已煮到完全蒸發，如果原本酸性食材已經過熟了而喪失酸度，製罐時就必須考慮另外添加有標準酸度的檸檬酸 Citric Acid 或稱為 Sour Salt（新鮮檸檬酸度不一）。為了安心，自製果醬或其他食品若沒有根據值得信賴的食譜比例，還是以冷藏或冷凍為宜。

廚房清潔

基本清潔

菜瓜布及抹布，是廚房裡儲藏最多細菌的物件，卻也是最被忽略的，每一次使用完，應用洗碗精清潔劑清洗過，擰乾水分放進微波爐，以最高強度加熱 1 分鐘，並且放置通風處晾乾。

烤箱清潔

此外，歐美嵌入式烤箱通常附有自動清洗（self clean）的功能，只要把所有物件從烤箱中取出，睡覺前按下自動清洗功能，烤箱門會自動上鎖，然後加熱至 900°F，其中汙物將會在高溫下全部化為灰燼，清潔完後自動關閉電源，待隔天早晨，烤箱已完全冷卻了，這時只要用濕抹布將灰燼輕輕擦去就會非常乾淨，完全不需要刷洗或使用含有化學的清潔劑。

烤箱應避免使用化學清潔劑，因為殘留化學藥劑一經加熱後會成為氣體，不宜與烘培的食物共處一室。儘管烤箱清洗的功能基本上相似，但因廠牌和型號的不同，而有細微變化，建議詳細閱讀使用說明書後再執行烤箱自動清洗。

營養考量

汆燙青菜時，於水中加鹽能避免營養流失，這和冰鎮已燙熟的青菜時，在冰水中加鹽是同樣道理。此外，蔬果切大塊也比切小塊較能減少營養的流失，而顏

色不同的蔬菜同時含有不同的營養，深色食材的營養豐富，建議搭配五顏六色的蔬菜，讓營養更全面。

食物份量的計算

本書內所有食譜都清楚註明完成品的份量，請依人數調整。設計的菜色越多，每道菜的每人份量計算就要越少，酌量增減。因為宴會後剩餘的食物，經過長時間的擺設放置已經不新鮮，事後再食用並不理想，所以準備的食物應計畫當天可以完全食用完為宜，如欲多做則要考慮趁新鮮時先分開保存好，如有需要時可立即加熱食用。

鍋具的使用及保養

油炸用鍋子以開口小、附鍋蓋為佳，使油回溫較快。清洗鍋具時，請勿以冷水沖熱鍋，而宜用熱水浸泡。較不容易清洗的沾黏物可以藉由浸泡或加水煮沸來軟化，不宜使用尖銳物刮除。所有鍋具，尤其是不沾鍋，使用完畢後，除了清洗乾淨，最好再塗上一層薄薄的油，可以延長鍋子使用的壽命。怕生鏽的鐵鑄鍋可以用水洗乾淨後，放回爐火燒乾水氣，待冷卻後再塗油，即可預防生鏽。

擺盤陳列

飲食，是從眼睛開始的，所以擺盤對飲食有相對的影響。食物裝盤時，疊放得越高、留白面積越大，視覺效果越好。此外，除了盡量使用對比色當配菜，還能善用對比形狀的盤子，例如，圓形食物用方盤、方形食物用圓盤。宴客時，西餐採自助式取食的擺設，則可以架高一些盤子，讓盤子不同高度顯現出層次感，亦可增加整體的美觀。別忘了擺放一個視覺的焦點，例如食物、花草或藝術品，但需注意擺設的物件是否影響食欲。

溫杯熱盤

不要小看溫杯熱盤這個小小的舉動！享用食物應在正確的溫度，例如，小份量的熱食在冬天裝盛到冷冷的大盤子，食物立刻喪失該有的最佳品嘗溫度，所以溫盤子是件重要的事。裝盛熱食的盤子應選用較為厚實的陶瓷類，以讓溫度維持得較久，烤完東西的烤箱餘溫是個很方便的熱盤工具。相對的，在盛夏的高溫下會讓生菜沙拉的葉子變軟，顯得沒有生氣，因此預備裝盛生菜沙拉的盤子，應先置冰箱降溫，裝沙拉的碗可選用不鏽鋼類金屬製品，在室溫下金屬容器本身的溫度就較其他材質涼爽，可自然地保持沙拉爽脆，或是使用雙層設置，中間放置冰塊。

侍酒二三事

　　溫度高低會影響葡萄酒的表現，但人們最常犯的錯誤，包括：紅酒在太溫暖的溫度飲用，或白酒在太低的溫度飲用。太冷，無法充分展現葡萄酒的香氣和味道；太熱，酒精分子較為活躍，會產生一種令人不愉快的味道。因此，請提前20分鐘將白酒自冰箱取出，以及飲用前先將紅酒放入冰箱冷卻20分鐘。如果你的白酒是剛從冰箱拿出來，沒有足夠的時間讓它坐20分鐘，只需握住酒杯，將迅速增加溫度；如果它已經在完美的溫度，就不要握住整個酒杯，而是拿著杯柱，避免酒變暖。請參考下列「葡萄酒最佳適飲溫度」。

　　（1）白酒要冰

　　白酒快速降溫的最佳辦法是將酒放入一半冰塊一半水的容器約30分鐘。這個方法比放入冷凍庫降溫更快、更安全。如果只放冰塊，因為沒有水作為傳導溫度的媒介，降溫速度比較慢；如果將酒直接放入冰箱，預計至少要兩小時才能完全冷卻。

　　（2）紅酒室溫

　　所謂紅酒應於室溫飲用，是以酒窖溫度為參考。酒窖溫度通常是 13℃（55℉）左右，用於儲存葡萄酒最完美。平均一般室溫是 20~25℃（68~77℉），但紅酒應在 10~18℃（50~64℉）飲用，所以多數時候紅酒在飲用前都應稍微冰鎮，除非是剛從酒窖取出。更準確地說，所有葡萄酒開瓶時應低於室溫。這有助於葡萄酒自然釋放香味，當它一打開接觸到室內空氣——即實際上的室溫！這時因為酒變暖，開始蒸發，從而釋放香氣。如果紅酒溫度夠低，在入口時應有微清涼感。

葡萄酒最佳適飲溫度

溫度	酒類品種
19℃（66℉）	年份波特（Vintage Port）
18℃（64℉）	波爾多、希哈（Shiraz）
17℃（63℉）	紅布根地（Red Burgundy）、卡本內（Cabernet）
16℃（61℉）	利奧哈（Rioja）、黑皮諾
15℃（59℉）	奇揚替、金芬黛
14℃（57℉）	雪莉酒、托尼波特（Tawny Port）、Nvport、馬德拉（Madeira）
13℃（55℉）	儲存所有葡萄酒的酒窖理想溫度
12℃（54℉）	薄酒來、粉紅酒
11℃（52℉）	維歐尼耶（Viognier）、索甸（Sauternes）
9℃（48℉）	夏多內
8℃（47℉）	麗絲玲
7℃（45℉）	香檳
6℃（43℉）	冰酒（Ice Wines）
5℃（41℉）	非香檳類氣泡酒、阿斯堤氣泡酒
2℃（35℉）	冰箱冷藏室溫度
0℃（32℉）	水的結冰點
-18℃（0℉）	冰箱冷凍庫溫度

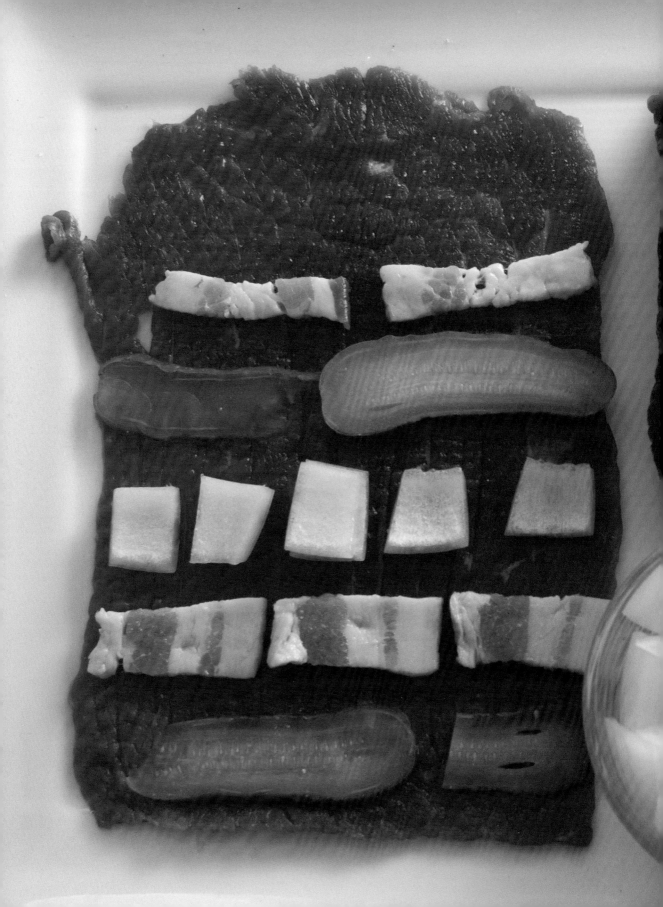

附　錄

料理換算表

烤箱的溫度轉換

華氏	攝氏	瓦斯度
225°F	105°C	1/4
250°F	120°C	1/2
275°F	130°C	1
300°F	150°C	2
325°F	165°C	3
350°F	180°C	4
375°F	190°C	5
400°F	200°C	6
425°F	220°C	7
450°F	230°C	8
475°F	245°C	9

美國液體測量制

1 加侖 (gallon) ＝ 4 夸特 ＝ 3.79 L. (can round to 4L.)

1 夸特 (quart) ＝ 2 品脫 ＝ 950 ml (can round to 1L.)

1 品脫 (pint) ＝ 2 杯 ＝ 16 液體盎司 ＝ 450 毫升 (ml)

1 杯 (cup) ＝ 16 大匙 ＝ 8 液體盎司 ＝ 225 ml (can round to 250ml)

1 大匙 (Tablespoon) ＝ 1 Tbsp. ＝ 1/2 液體盎司 ＝ 16 ml (can round to 15 ml)

1 小匙 (teaspoon) ＝ 1 tsp. ＝ 1/3 大匙 ＝ 5 ml

1 公升 (Liter) ＝ 1 L. ＝ 1000 毫升 (ml)

1 液體盎司 (fl. oz.) ＝ 30 ml（rounded）

※ 液體盎司不等於重量（容量）盎司。

重量換算表

1 公斤 =1,000 公克（g）

1 斤 =605 公克（g）=16 兩

1 兩 =37.8 公克（g）=10 錢

1 錢 =4 公克（g）

1 磅（lb.）=16 盎司（oz.）=454 公克（g）=12 兩

1 盎司（oz.）=28.35 公克（g）

※ 液體盎司不等於重量（容量）盎司。

國際液體測量制（International Liquid Measurements）

國家	杯（Standard Cup）	小匙（Teaspoon）	大匙（Tablespoon）
加拿大	250 ml	5 ml	15 ml
澳洲	250 ml	5 ml	20 ml
英國	250 ml	5 ml	15 ml
紐西蘭	250 ml	5 ml	15 ml

英國測量制（British Measurements）

1 UK pint	6 dl	
1 UK liquid oz.	0.96 US liquid oz.	
1 pint	570 ml	20 fl. oz.
1 breakfast cup	10 fl. oz.	1/2 pint
1 tea cup	1/3 pint	
1 Tablespoon	15 ml	
1 dessert spoon	10 ml	
1 teaspoon	5 ml	1/3 Tablespoon
1 ounce	28.35 g	can round to 25 or 30
1 pound	454 g	
1 kg	2.2 pounds	

牛奶產品的脂肪百分比（The percentage of milk fat in milk product）

乳製品	美國（含脂肪比例）	英國（含脂肪比例）
Whipping Cream	30 ~ 35%	35%
Whipped Cream	無此產品 n/a	35%
Clotted Cream	無此產品 n/a	55%
Double Cream	無此產品 n/a	48%
Heavy Whipping Cream	36 ~ 40%	無此產品 n/a
Half Cream	'Half & Half' 10 ~ 12%	10 ~ 12%
Single Cream	'Light Cream' 18%	18%

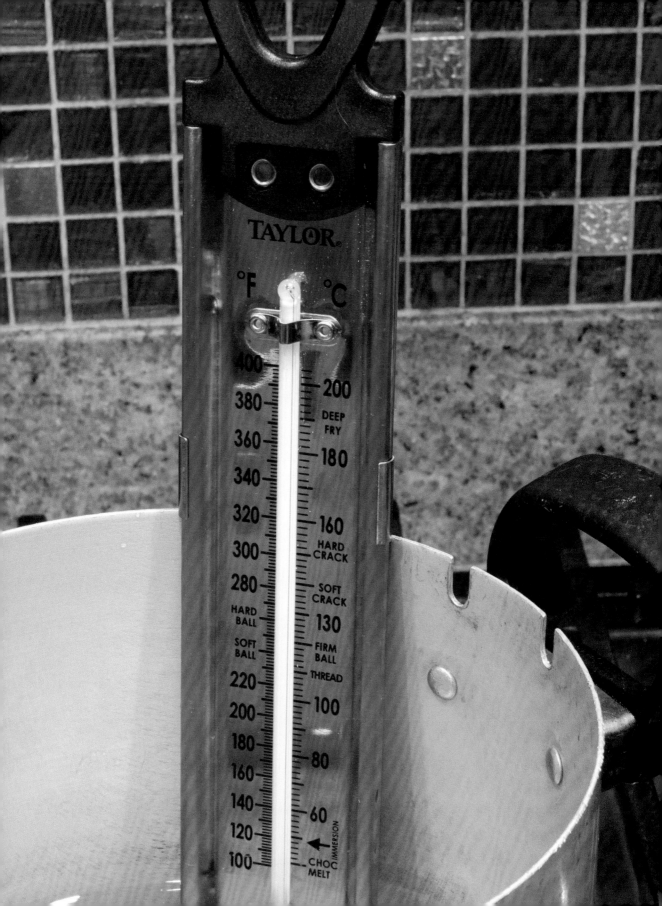

美酒譯名對照表

Amontillado	意譯不甜到略甜的，為雪莉酒的一種類別名
Asti	音譯為阿斯堤，義大利一個小鎮的名字，亦是產區名
Auslese	意譯為串收酒，是德國葡萄酒的分級中的一種
Beaujolais	音譯為薄酒來，法國酒產區名
Beerenauslese	意譯為粒選貴腐酒，是德國葡萄酒的分級中的一種
Bordeaux	音譯為波爾多，法國酒產區名
Brandy	音譯為白蘭地，是一種類別的酒
Brunello	音譯為布雷諾，是一種葡萄品種
Brunello Di Montalcino	出產於蒙塔奇諾（音譯）酒區的布雷諾葡萄酒
Burgundy, Bourgogne	音譯為布根地，法國酒產區名
Cabernet Franc	音譯為卡本內 • 弗朗，是一種葡萄品種
Cabernet Sauvignon	音譯為卡本內 • 蘇維濃，是一種葡萄品種
Cava	音譯為卡瓦，是指一種氣泡酒，西班牙製
Chablis	音譯為夏布利，法國酒產區名
Champagne	音譯為香檳，是指一種氣泡酒，法國製
Chardonnay	音譯為夏多內，是一種葡萄品種
Chenin Blanc	意譯為白梢楠，是一種葡萄品種
Chianti	音譯為奇揚替，是義大利酒的一個產區名
Cream	意譯為甜的，是雪莉酒的一種類別名
Cult Wine	意譯為膜拜酒，是指一類專門收藏用的酒
Eiswein	意譯為冰酒，是德國葡萄酒分級中的一種
Fino	意譯為不甜的，是雪莉酒的一種類別名
Gamay	音譯為加美，是一種葡萄品種
Gevrey-Chambertin	音譯為哲維瑞 • 香貝丹，法國酒產區名
Gewürztraminer	音譯為格烏查曼尼，是一種葡萄品種
Kabinett	意譯為風格清淡酒，是德國葡萄酒的分級中的一種
Maccabéo	音譯為馬卡貝歐，是一種葡萄品種
Madeira	音譯為馬德拉，葡萄牙產區名，亦指一種強化葡萄酒
Malbec	音譯為馬爾貝克，是一種葡萄品種
Manzanilla	意譯為不甜的，是雪莉酒的一種風格類別名
Merlot	音譯為梅洛，是一種葡萄品種
Mouton Rothschild, Ch.	音譯為慕桐堡，是酒莊堡名

Nebbiolo	音譯為內比歐露，是一種葡萄品種
Oloroso	意譯為微甜，是雪莉酒的一種類別名
Opus One	意譯為第一樂章，是一家酒莊名
Parellada	音譯為帕瑞亞達，是一種葡萄品種
Petit Verdot	Petit 意譯為小，Verdot 音譯為維鐸，小維鐸是一種葡萄品種
Pinot Gris, Pinot Grigio	音譯為灰皮諾，是一種葡萄品種
Pinot Noir	音譯為黑皮諾，是一種葡萄品種
Porte	音譯為波特酒，是一種類別的酒
Primitivo	音譯為普利米提歐，是一種葡萄品種
Prosecco	音譯為普賽寇，是指一種氣泡酒，義大利製
Riesling	音譯為麗絲玲，是一種葡萄品種
Rioja	音譯為利奧哈，西班牙產區名
Rose	意譯為粉紅酒，是一種風格的葡萄酒
Sangiovese	音譯為山吉歐維列，是一種葡萄品種
Sangría	音譯為桑格里亞酒，是一種調酒
Sauternes	音譯為索甸，法國產區名
Sauvignon Blanc	音譯為白蘇維濃，是一種葡萄品種
Sherry	音譯為雪莉酒，是一種類別的酒
Shiraz	音譯為希哈，是一種葡萄品種
Silver Oak	意譯為銀橡木，是一家酒莊名
Sparkling Wine	意譯氣泡酒
Spatlese	意譯德國葡萄酒的分級中的一種，指遲摘酒
Subirat	音譯為蘇維拉特，是一種葡萄品種
Super Tuscany	意音譯為超級托斯卡尼，是義大利的酒級分類中不按管制釀造的非官方葡萄酒級
Syrah, Shiraz	音譯為希哈，是一種葡萄品種
Tempranillo	音譯為田帕尼優，是一種葡萄品種
Trockenbeerenauslese	意譯德國葡萄酒的分級中的一種，指頂級貴腐酒
Viognier	音譯為維歐尼耶，是一種葡萄品種
White Zinfandel	意譯白金芬黛，與金芬黛為同葡萄品種，只是釀成白酒
Xarel-lo	音譯為塞雷若，是一種葡萄品種
Zinfandel	音譯為金芬黛，是一種葡萄品種

本書的完成要感謝──────

插畫：畫家 Kathy Womack 原為女性時尚服飾插圖畫家，1980 年代該行業被電腦軟體取代後，開始轉而創作充滿歡樂喜悅瞬間的「紅酒與女人」系列畫作，並在全美藝術展廣受歡迎。目前 Kathy 與先生和三個小孩住在德州奧斯汀市，她的網站：www.kwomack.com

攝影：Michael Demeyer, Miggi Demeyer

特別感謝（Special Thanks）：先生 Michael Demeyer 身兼攝影師及洗碗工的日夜協助。James Kuzminian, Sabrina Huang, Eric Ullman, Ulrich Guehring 的協助攝影及 Ulrich Guehring, Eve Yin, GENTALINK Co., Ltd 的照片提供。Angelina and Jeff Rhodes, Doris and Norbert Hetterle, Katja and Marcus Hetterle, Phyllis and Ernie Boden, Rebecca and Mark Andrews 的場地提供，姐姐廖淑芳的協助校稿，還有所有參與餐宴的賓客及工作人員。

感謝讀者：因為您的閱讀，讓這本書更有存在的價值。

Miggi 上菜！

好酒、好菜、好時光，跟著藍帶廚酒師世界辦桌

Entertaining Around The World with Miggi

國家圖書館出版品預行編目資料

Miggi 上菜！好酒、好菜、好時光，跟著藍帶廚酒師世界辦桌 / 廖若庭作 .-- 初版 .-- 臺北市：積木文化出版：家庭傳媒城邦分公司發行，民 101.09
面；　公分
ISBN 978-986-6595-92-9（平裝）
1. 飲食 2. 文集
427.07　　　　　　　　　　101015700

作　　　者	廖若庭 (Miggi)
特約編輯	吳佩霜
責任編輯	李華
發 行 人	涂玉雲
總 編 輯	王秀婷
版　　權	向艷宇
行銷業務	黃明雪

出　　版　　積木文化
104 台北市民生東路 2 段 141 號 5 樓
電話：02-2500-7696　傳真：02-2500-1953
官方部落格：www.cubepress.com.tw
讀者服務信箱：service_cube@hmg.com.tw

發　　行　　英屬蓋曼群島商家庭傳媒股份有限公司城邦分公司
台北市中山區民生東路二段 141 號 2 樓
讀者服務專線：(02)25007718-9
24 小時傳真專線：(02)25001990-1
服務時間：週一至週五 9:00 ～ 12:00；13:00 ～ 17:00
劃撥：19863813　戶名：書虫股份有限公司
網站：城邦讀書花園　網址：www.cite.com.tw

香港發行所　城邦（香港）出版集團有限公司
香港灣仔駱克道 193 號東超商業中心 1 樓
電話：+852-25086231　傳真：+852-25789337
電子信箱：hkcite@biznetvigator.com

馬新發行所　城邦（馬新）出版集團
Cite (M) Sdn. Bhd.
41, Jalan Radin Anum, Bandar Baru sri Petaling,
57000 Kuala Lumpur, Malaysia
電話：+603-90563833　傳真：+603-90562833

封面設計　　Momo
版面設計　　Momo
製版印刷　　中原造像股份有限公司

城邦讀書花園
www.cite.com.tw

2012 年（民 101）9 月 18 日　初版一刷　　　　Printed in Taiwan.
售　　價 / NT$399 元
ISBN　978-986-6595-92-9

酒後不開車 安全有保障